大脑减压书

让身心脑都放松下来

张季声　主编

黑龙江科学技术出版社
HEILONGJIANG SCIENCE AND TECHNOLOGY PRESS

图书在版编目（CIP）数据

大脑减压书，让身心脑都放松下来 / 张季声主编 . -- 哈尔滨：黑龙江科学技术出版社，2019.1（2024.3重印）
ISBN 978-7-5388-9896-5

Ⅰ . ①大… Ⅱ . ①张… Ⅲ . ①心理压力－调节（心理学）－通俗读物 Ⅳ . ① B842.6-49

中国版本图书馆 CIP 数据核字 (2018) 第 264191 号

大脑减压书，让身心脑都放松下来

DA'NAO JIANYA SHU，RANG SHEN-XIN-NAO DOU FANGSONG XIA LAI

作　　者	张季声
项目总监	薛方闻
责任编辑	徐　洋
策　　划	深圳市金版文化发展股份有限公司
出　　版	黑龙江科学技术出版社 地址：哈尔滨市南岗区公安街 70-2 号　邮编：150007 电话：（0451）53642106　传真：（0451）53642143 网址：www.lkcbs.cn
发　　行	全国新华书店
印　　刷	三河市兴博印务有限公司
开　　本	723 mm × 1020 mm　1/16
印　　张	10.5
字　　数	200 千字
版　　次	2019 年 1 月第 1 版
印　　次	2019 年 1 月第 1 次印刷　2024 年 3 月第 2 次印刷
书　　号	ISBN 978-7-5388-9896-5
定　　价	39.80 元

前言 Preface

随着现代生活节奏的加快，每个人都被各种各样的压力所困扰，学业、工作、家庭、物质需求、知识的更新、社会竞争的激烈等，诸多因素皆让人感到“压力山大”，郁闷、焦虑、烦躁、恐惧等情绪无时无刻不在侵扰着人们的心理，使人不堪重负，甚至导致抑郁症等精神疾病。

但压力也并非一无是处，适当的压力会使我们脱离安逸的想法，产生前进的动力，这需要我们学会调节和缓解压力，把压力控制在适度的范围内，让我们可以和压力和平共处。想要做到这一点，还得从大脑入手。有科学研究表明，对压力的感知来源于我们的大脑，而大脑同时也具有调节压力的机能。通过了解大脑产生压力和调节压力的生理机能，采取相应的方法，就能取得神奇的减压效果。

《大脑减压书，让身心脑都放松下来》在带领读者初步认识大脑的基础上，分析了压力的来源、类型、在大脑中的传导途径、对人的影响及大脑与压力的关系，并介绍了大脑中与缓解压力有关的重要神经递质——5-羟色胺；接下来从健康生活、规律运动、科学饮食、按摩保健和心理保健五个方面，图文并茂地介绍了增加大脑中5-羟色胺、增进大脑活力从而舒缓压力的具体方法，涉及的方法丰富多样、简单实用，能为广大被压力围困的人们带来具体和直观的帮助。

虽然许多人都想“无压一身轻”，然而遗憾的是，人是无法完全摆脱压力的，只要人活着就会感受到某种压力。有压力并不可怕，关键看怎么对待。我们衷心希望读者能通过本书了解大脑与压力的关联，掌握强化大脑自我调节压力的方法，挖掘自身潜能，远离压力带来的身心束缚，把握幸福人生！

目录 | Contents

Part 1

了解大脑，探寻减压奥秘

现代人每天都感受着各种各样的压力，虽然我们不能完全消除压力，但也不能无所作为。压力说到底是由大脑感知到的，大脑不仅让我们感受到压力，同时，也具有调节压力的机能。了解大脑与压力的关系，可以帮助我们调节压力，让生活更轻松。

一 大脑，无上至宝

人类的大脑一直是科学家们不懈研究的一个重要领域。关于大脑，你了解多少？大脑究竟有多大的潜能？如何才能将这些潜能开发出来？让我们先从大脑的简介开始了解吧！

1. 大脑简介

人有两个消化系统，一个是为大众熟知的胃肠道，消化吸收食物，为身体提供养分。另一个是大脑，主要负责对各种信号、信息、知识、语言、文字进行识别、过滤和吸收。

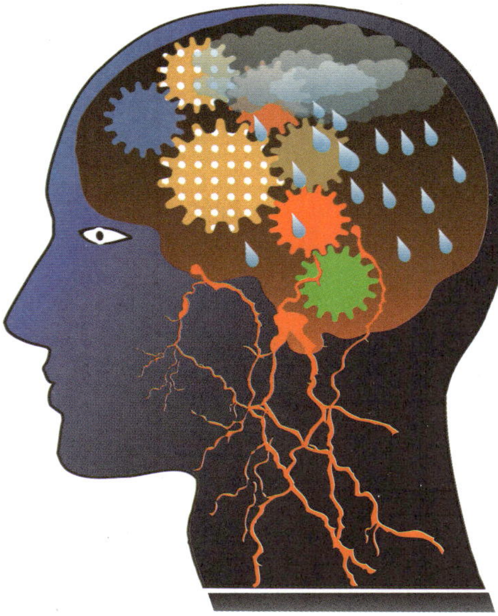

那大脑是怎样“消化”的呢？人类的大脑就像一个微型的宇宙，里面藏着难以穷尽的秘密。脑位于人体头部的颅腔内，由端脑（大脑）、间脑、小脑、脑干（包括中脑、脑桥和延髓）组成。脑是人体的“最高司令部”，其中大脑是“总司令”。大脑半球的表面——大脑皮质，是高级神经活动的物质基础，它掌握着人类的精神活动，如感情、记忆、意志等。尽管大脑皮质中的神经细胞在胎儿期已经基本长成，约有一千亿个，可是，一直等到孩子出生后，这些神经细胞才会联结起来，构成“突触”，才会有神经传导功能。孩子出生后的头两年，几乎每一秒钟就会就增加4万个新的突触，形成脑内的“互联网”。这些突触的迅速增长标志着婴儿的智能在飞速向前发展。每个脑细胞——神经元，可长出多达2万个树状突触，每个脑细胞无异于一台高功率的电脑。

人的大脑还具有一定的可塑性，这种可塑性是一种神经系统根据身体或环境变化而变化的能力。大脑中的皮质体感区会对来自皮肤和其他器官的信号照单全收，人的每个动作都会对它产生轻微的影响，例如，手指在手机触屏上进行微小、重复的运动，可以影响大脑接收感觉的区域。

2 人脑的组织结构

人脑是精神活动的物质基础，人的一切心理活动和智慧活动都是通过人脑实现的。要开发我们的右脑，首先我们应该了解一下人脑的基本结构，这种直观的认识有利于我们进一步了解人脑的工作原理。

人脑主要分大脑、小脑、间脑和脑干四大部分，各部分都有各自不可替代的功能，其中大脑是人体的“司令部”。人们要维持正常的思维活动，就必须保持所有人脑构造的平衡。

脑	组织结构	主要功能描述
大脑	大脑新皮质	主管有意识的知识及经验
	大脑旧皮质	司掌人类本能智能
小脑		位于大脑的后下方，表面也有像大脑一样的皮质，它的功能是维持身体平衡、调节肌肉紧张和协调人随意运动，如小脑发生病变，会出现平衡失调及运动不协调等情况
间脑	丘脑	丘脑是神经冲动传入的转换站，具有对传入的冲动进行粗糙加工、选择的功能，是大脑皮质下的高级感觉中枢
	下丘脑	下丘脑位于丘脑下部，具有调节内脏和内分泌活动、调节体温、摄取营养、平衡水和电解质等重要生理活动的功能，下丘脑与人的情绪反应和睡眠也有密切的关系
脑干	中脑	中脑的功能与视、听、运动调节、姿势维持等反向活动有关
	脑桥	是中脑与延髓之间传递信息的桥梁
	延髓	控制呼吸、心跳、消化等

3 关于“自身脑”与“祖先脑”

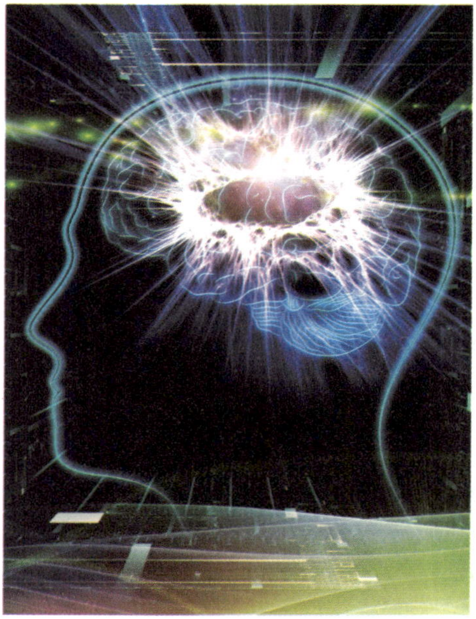

大脑分为古大脑和新大脑。古大脑是大脑的中心部分，相当于所说的大脑髓质部分和脊髓神经，是生命中枢的所在地，是人类还没有进化为人之前就存在的大脑，又被称为“祖先脑”；新大脑是人类大脑的边缘部分，相当于大脑皮质，是人类之所以成为高智商人类的原因所在，又被称为“自身脑”。

“祖先脑”依靠生物钟的母钟发挥功能，“自身脑”依靠刺激发挥功能，它们之间又相互影响。“自身脑”可以使“祖先脑”产生功能变化，比如心跳和呼吸加快等；“祖先脑”可使“自身脑”发育功能受阻，比如先天痴呆儿。“自身脑”在地球上至少产生了500万年，它一直按照“祖先脑”的某些特征在变，可以说，它是“祖先脑”在功能上的扩大。例如，鸟类会鸣啼，这种鸣啼功能在“祖先脑”时就已经产生了，到了“自身脑”阶段，鸣啼功能进一步发展，使得不同的鸟类可以发出多种不同的声音。

4 大脑皮质的五个中枢

大脑由两个大脑半球组成，大脑半球的表层是灰质，叫大脑皮质，大脑皮质是调节人体生理活动的最高级中枢。覆盖在大脑半球表面的灰白色构造，主要由神经细胞组成。记忆、分析、判断等思维活动都要通过它，它是保证有机体内部统一并与周围环境统一的主要机构。比较重要的中枢有：语言中枢、躯体运动中枢、躯体感觉中枢、听觉中枢和视觉中枢。

语言中枢

语言中枢是人类大脑皮质特有的，多在左侧。语言区所在的半球称为优势半球。语言中枢还可分为运动性语言中枢（说话中枢）、听觉性语言中枢、书写性语言中枢（书写中枢）以及视觉性语言中枢（阅读中枢）。儿童时期如在大脑优势半球尚未建立时，左侧大脑半球受损伤，有可能在右侧大脑半球皮质区再建立其优势，而使语言机能得到恢复。

躯体运动中枢

躯体运动中枢位于大脑皮质中央前回的4区和6区。大脑皮质运动区结构的基本单位是“运动柱”，细胞呈纵向柱状排列。同一运动柱与同一关节的运动有关。运动区的细胞接收多方面的感觉传入。来自皮肤、肌肉和关节的冲动经丘脑到达皮质。运动柱内细胞之间的环路，使不同层次的神经元广泛联系，对输入信息的总和发生反应。大脑皮质的运动机能，通过椎体系和椎体外系协同完成。

躯体感觉中枢

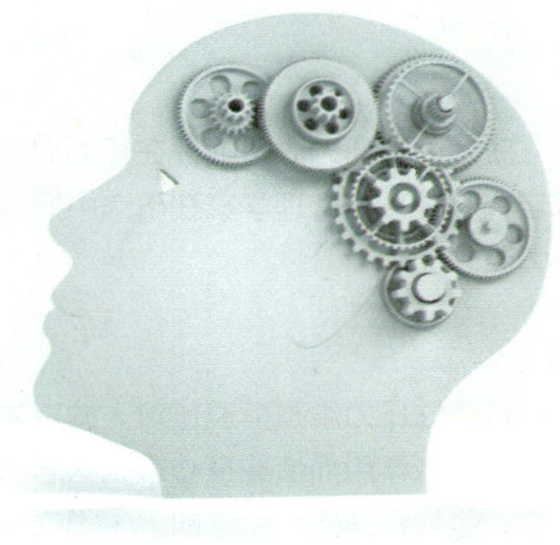

躯体感觉中枢主要位于大脑皮质的中央后回。全身体表感觉的投射区称第一皮质感觉区，感觉躯体、四肢、头面部浅部的痛觉、温觉和触觉。此区感觉的特点是定位明确、分工精细，在皮质的定位呈倒立分布。下肢代表区在中央后皮质的顶部，上肢在中间，头面部在下部。除头面部联系为双侧外，其他部位是对侧性的，皮质代表区的大小与神经支配密度及感觉的精确程度相适应。人的第二感觉区在中央后回到下端到外侧裂的底部，具有粗糙的分析功能。感觉躯干四肢的肌、腱、骨膜及关节的深部感觉，投射区在大脑皮质中央后回的中上部，旁中央小叶部和中央前回，称为本体感觉。躯体及头面部的感觉途径一般由三级神经元传导，经丘脑和内囊投射到大脑皮质的相应区内。

听觉中枢

听觉中枢是指位于听神经以上的脑干和大脑半球中的听觉结构，它纵跨脑干、中脑、丘脑的大脑皮质，是感觉系统中最长的中枢道路之一。自下向上，主要环节包括：耳蜗核、斜方体、橄榄旁核、上橄榄外侧丘系、下丘和上丘、丘脑的内侧膝状体、大脑皮质颞叶的听觉皮质。借助听觉中枢，能完成各种听觉反射，如镫骨肌反射等，在受大声刺激时，通过此反射，可保护内耳免于伤害。

视觉中枢

视觉中枢是大脑皮质中与形成视觉有关的神经细胞群，它位于距状裂两侧的枕叶皮质，即上方的楔回合下方的舌回上。该部皮质由于结构特殊，在断面上有白色细纹，故又称纹状区。每半球的视中枢都与两眼视野的一半有关，因而在两半球视中枢全部损伤时才会出现全盲。

二 压力知多少

压力，在物理学中的解释为垂直作用于流体或固体界面单位面积上的力。但在心理学范畴，压力是心理压力源和心理压力反应共同构成的一种认知和行为体验过程。下面我们一起走近压力，了解一下。

1. 何谓压力

生活中的压力源可能存在于人们自身，也可能存在于环境中。不过，人主要的压力源来自人际关系。心理学家在研究中把造成压力的各种生活事件进行分析，提出了如下三大压力源：

躯体性压力源

躯体性压力源是指通过对人的躯体直接发生刺激作用而造成身心紧张状态的刺激物，包括物理的、化学的、生物的刺激物。如过高或过低的温度、微生物、变质食物、酸碱刺激等，这一类刺激是引起生理压力和压力的生理反应的主要原因。

心理性压力源

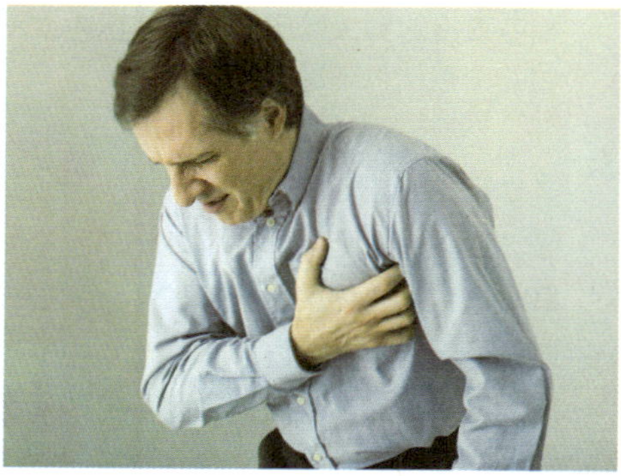

心理性压力源是指来自人们头脑中的紧张性信息。例如心理冲突与挫折、不切实际的期望、不祥预感以及与工作责任有关的压力和紧张等。心理性压力源与其他类型压力源的显著不同之处在于它直接来自人们的头脑，反映了心理方面的困难。生活中的压力处处可见，但为什么有的人无动于衷，有的人却耿耿于怀，区别常常源于人们内心对压力的认知。如果过分夸大压力的威胁，就会制造一种自我验证的预言，如“我会失败，我应付不了”。长期下去，会变得畏惧压力。

社会性压力源

社会性压力源主要指造成个人生活方式上的变化，并要求人们对其做出调整和适应的情境与事件。社会性压力源包括个人生活中的变化，也包括社会生活中的重要事件。其中，个人生活的改变给人带来的压力更直接。

2 压力的表现形式

压力无处不在，它以各式各样的形式表现。具体来说，可以概括为以下几种：

- 手掌出汗
- 头疼
- 心口闷
- 失眠
- 厌食
- 脱发
- 情绪暴躁
- 无精打采
- 缺乏安全感

3 压力对人的影响有好有坏

说到压力，很多人会认为“它不是好东西”，的确，现在有不少人深陷精神压力的苦恼之中，甚至有的人为此辞职、远离家人，希望借此可以逃离精神压力的苦海。但是不难发现，适当的压力却能使我们做事更有激情，给生活增添充实感。

坏的影响

拒绝和精神压力相伴，并且专挑其弱点的人，压力对于他们只有坏的影响，具体表现如下：

- 对任何事物提不起兴趣。
- 工作和学习出现障碍。
- 持续出现紧张状态。
- 不能发挥出应有的才华。
- 经常睡不好觉，常有困意。
- 呼吸变浅，容易疲劳。

- 平时站没站相、坐没坐相。
- 为了求得快乐，出现疯狂购物、酗酒、抽烟的行为。
- 精神压力长期存在，使人患上抑郁等心理疾病。
- 引起肌肉紧张、消化不良、心跳加快、血压和血糖升高、出汗增多等生理疾病。

好的影响

看中了精神压力的优点，努力和它相伴的人，压力对于他们会产生好的影响，具体表现如下：

- 精神集中，工作和学习效率高，体育运动也会有好成绩。
- 能够排遣郁闷的情绪，具有达到目标的原动力。
- 取得较好的成绩后产生快感，从而激发出更上一层楼的愿望。
- 当感到火灾和事故的危险时，会小心规避风险。
- 对外来的新刺激有好奇感，时刻充满正能量。

由此我们可以知道，压力存在于我们的工作、生活中，它对我们的影响有好有坏，面对压力，我们首先要对它有一个正确的认识。没有压力的生活是不存在的，也是可怕的，适当的压力是我们前进的能量，让我们有目标、有方向。虽然很多时候，过多的压力确实让我们透不过气来，但我们不是被动的，我们有能力通过自我调整使压力恢复到一个适当的水平，将其变成推动我们前进的动力。

4 压力的传导途径

压力可由外界或内在产生，但针对身体压力与精神压力的传导途径，是不一样的。

接受刺激

当受到刺激后，大脑会接收到来自身体的神经系统传导的信息，先通过大脑的视丘、大脑皮质，最终到达下丘脑。

身体的压力

精神的压力

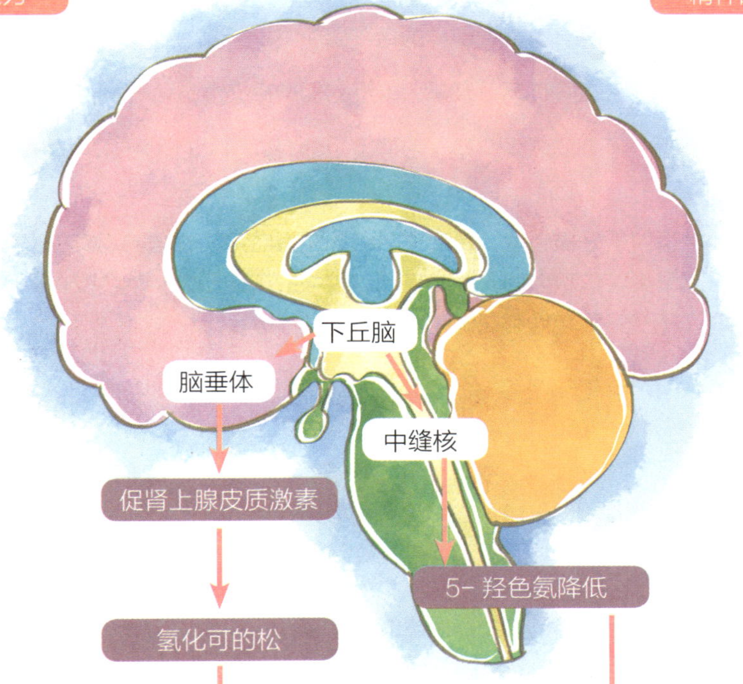

促肾上腺皮质激素

氢化可的松

分泌大量的肾上腺素，严重时可能会成为高血压、糖尿病等疾病的诱因

5- 羟色氨降低

一旦 5- 羟色氨的分泌量减少，大脑就会强烈地感觉到精神压力

关于压力的颜色测试

我们可以将不同的压力类型按照四种颜色分类，分别是蓝色精神压力型、红色精神压力型、绿色精神压力型、无色透明精神压力型。

蓝色精神压力型

- 在将要发生重大事件的前夜夜不能寐。
- 经常梦见自己承担工作中的难题。
- 承担重要的工作，可以掌控重大的实验。
- 经常对任何事无端发火。
- 经常后悔，“为什么要说那样的话”。
- 非常不善于和公司同事、亲戚、附近的邻居打交道。
- 出门旅行，不喜欢朝令夕改，习惯出门前制订周全的计划。

分析： 此类型属于好操心型，是对理想和现实有着冷静看法的现实主义者。因为责任心强，身边常常聚集着依赖你的人，一旦受到较强的精神压力，就会变得歇斯底里起来。此类型的人可以通过5-羟色胺强化法和补充睡眠进行缓解。

红色精神压力型

- 经常后悔吃得太多、喝得太多。
- 无法控制购买烟、酒、甜点的欲望。
- 家中有五个以上冲动购物后闲置的物品。
- 非常希望自己出人头地。
- 对于新的挑战会考虑三个以上的准备方案。
- 凡事追求完美。
- 认为恋爱是生活的动力。

分析： 此类型的人对任何正能量的事情都满怀热情。但挑战欲过强，常常不满现状，对吃喝没有节制，容易出现依赖症或饮食障碍症。此类型的人一般是掌管本能和愿望的多巴胺过剩所致，可以通过5-羟色胺强化法来缓解精神压力。

绿色精神压力型

- 总希望上司或长辈认可自己的努力。
- 认为自己的工作没有得到相应的报酬。
- 没有可以认真讨论问题的伙伴。
- 没有接触恋人和家庭成员的机会。
- 经常感到自己是孤独的一个人。
- 至少三个月以上没有和亲近的朋友一起喝茶、吃饭。
- 至少半年以上没有家庭成员对自己说过“谢谢”。

分析：此类型的人非常愿意和他人交往，会热心地为他人做些事情，并期待对方得到自己的帮助后高兴的样子，但如果对方没有出现自己预想中的反应，就会特别沮丧。此类型的人可以使用5-羟色胺强化法予以缓解，生活中多看看令人感动的电影、电视剧和小说等，如果还可以随着情节流出感动的眼泪，效果会更好。

无色透明精神压力型

- 不怎么爱发火。
- 早上一睁眼就感到精神振奋，很少会睡懒觉或睡回笼觉。
- 几乎没有喝酒喝到断片的时候。
- 总是深思熟虑后再买东西，而且买后会爱惜。
- 虽然时常反省，但从来不后悔。
- 经常受到夸奖。
- 认为人生总体上来讲还是不错的。

分析：此类型的人精神压力处于较平稳的状态，即使受到重大打击也不会被击倒，对生活的欲望不那么强烈，也不介意人们对自己的评价，这样的状态是较为理想的。

三 大脑与压力的关系

人的心理压力说到底是由大脑感受到的，大脑中存在传达压力的物质，同时大脑也具有调节压力的机能。我们可以通过了解大脑与压力的关系，为调节压力、消解压力给身体带来的损伤找到行之有效的办法。

1. 大脑产生压力

大脑通过神经递质感受到压力，这种压力按照来源可分为两大类，一类是来自外部的压力，包括由于身体上的不适感产生的身体的压力，以及人际关系处理过程中产生的种种摩擦给大脑带来的精神压力；另一类是来自内部的压力，可以细分为两种，一种是欲望没有得到满足而产生的压力，另一种是自己所做的事没有得到认可而产生的压力。

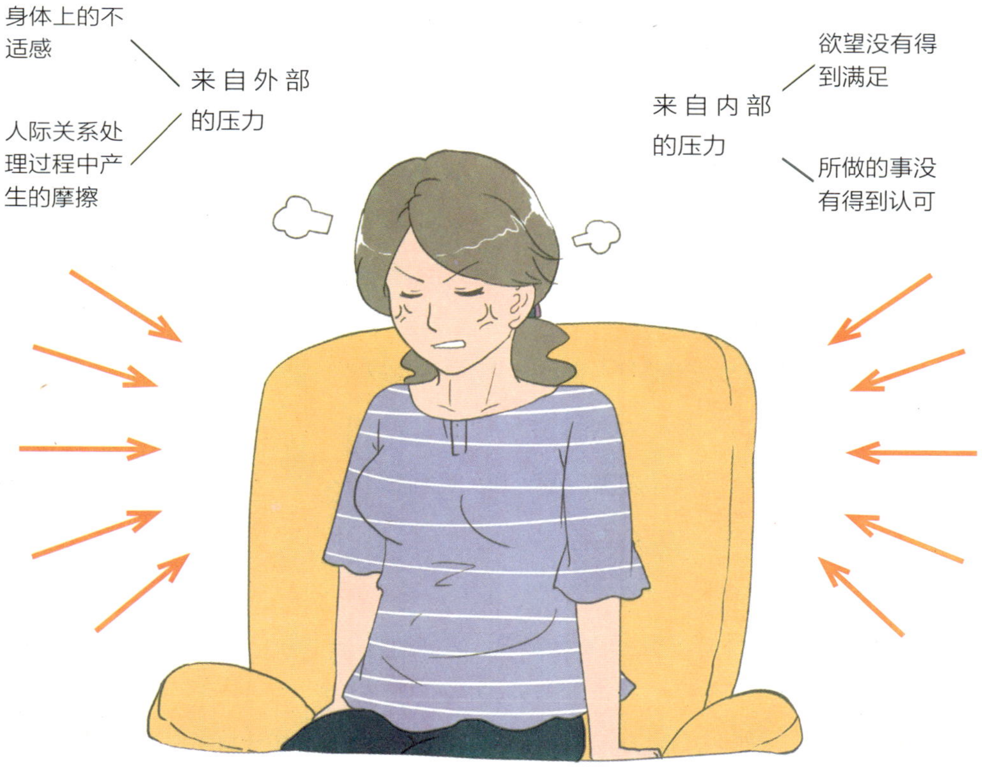

来自外部的压力

来自外部的压力，顾名思义，就是由外来因素造成的压力，这些外来因素主要包括以下几种：

身体的不适感方面：

- 因天气炎热或寒冷给身体带来的刺激。
- 因疾病等原因而感到的疼痛、酸胀、麻痒、晕眩等不适。
- 因疲劳而出现的倦怠感。

人际关系方面：

- 职场中与上司、同事、下属等的关系处理得不尽如人意。
- 与配偶、父母、子女及其他亲属有摩擦。
- 与朋友或邻里之间有纠纷。

来自内部的压力

来自内部的压力指的是由自身产生的压力，其中一种是由于欲望没有得到满足而产生的压力，这种精神压力与大脑中分泌的一种名为多巴胺的神经递质有关。

多巴胺是用来帮助细胞传送脉冲的化学物质，会影响人的情绪，让人感到开心、快乐、兴奋、激动。同时它也是一种能够引起欲望的物质，多巴胺的分泌让我们充满了期待，让自己想得到更多的奖励。如果多巴胺的分泌过剩，就会让人得意忘形，特别想要得到期待的东西，而无法抑制欲望，像“购物狂”“过食症”等心理疾病以及对网络、酒精等的依赖就与多巴胺的分泌过剩有关。

由于欲望没有得到满足而产生的压力会发生在任何人身上，因为每个人都有欲望，并且人的欲望是多种多样的，诸如食欲、性欲、占有欲、表现欲、权力欲、控制欲、荣誉感和社会声望等，一旦有某一个欲望得不到满足，就会产生焦躁、烦恼等精神上的压力。

另一种来自内部的压力是由于自己所做的事没有得到认可而产生的，它来自与他人的互动、自我评价和社会评价的不同。这种压力几乎每个人都体验过，只是程度上可能有所不同。例如，自己付出的努力没有得到好的评价，辛苦完成的工作没有得到上司的褒奖，给家人或爱人精心准备的礼物被轻视……不过，自我评价和别人给的评价之间有差距，从某种意义上来说仅靠自己是无法解决的，因为这不一定是自己单方面的问题，也不一定完全是别人的问题，而是双方价值观的差异造成的。理解了这一点，对于减轻由此产生的压力及带来的影响会有帮助。

不管是来自外部的压力还是来自内部的压力，它们都可能会成为身体或精神性疾病的导火索，在出现严重症状之前，我们要想办法将其及时排遣。

2 与压力相关的三个大脑中枢

我们的大脑就像一台精密的仪器，不同的部位各司其职又彼此协调，控制着我们的生命活动，要了解与压力相关的三个大脑中枢，首先要知道大脑的分工。

大脑的分工

脑干

位于大脑下方，是维持人体生命活动的中枢。心跳、呼吸、循环、消化、睡眠等重要生理功能，均与脑干有关。

下丘脑

属于间脑的一部分，位于脑干之上。下丘脑是自主神经系统的主要控制中心，具有控制内分泌，维持新陈代谢，调节体温的功能，还参与睡眠、情绪活动及情绪生理反应等。此外，下丘脑能产生食欲、渴觉和性欲等，并能调节其相应的本能行为。

大脑边缘系统

位于下丘脑外侧，与情绪、精神、记忆等高级神经活动有关，又被称为“情绪脑”。

大脑皮质

位于大脑的表层，由灰质构成。人类的大脑具有大脑皮质是其与其他动物的一大区别，这也是人类有丰富的智能，会使用语言、经营社会生活的原因。大脑皮质分为额叶、顶叶、枕叶和颞叶四个部分，其中额叶的前部区域为脑前额叶，负责让我们感受到压力，也可以消解压力。

重要的脑前额叶

我们所要探讨的与压力相关的三个大脑中枢，就位于脑前额叶中。脑前额叶对于人际交往是不可或缺的，因为它能让我们具备理解他人的能力。一般情况下，当人与人交流的时候，会通过对方的声调、表情、动作等来判断对方所要表达的内容，也就是读懂对方的暗示。而一旦脑前额叶受损，人就会在社交上遇到阻碍，无法理解他人和读懂人心。科学家还常常用血流量来判断大脑的活动量，血流量大，说明大脑比较活跃。如果长时间单调重复地看电脑、打游戏，脑前额叶的血液流动会非常缓慢，极度不活跃，久而久之也会造成脑前额叶的弱化，使人不能和他人顺利交流。

脑前额叶的三个中枢

人的脑前额叶包含三大中枢：工作中枢、学习中枢与共鸣中枢。

工作中枢

工作中枢的主要功能是在瞬间分析、判断外部的信息，并与经验对照，选择恰当的行动方式。与工作中枢的这种功能密切相关的是去甲肾上腺素。来自身体内部和外部的压力刺激会导致去甲肾上腺素的生成，如果分泌适量，会给大脑带来适度的兴奋，对感知危险、集中精力有一定的作用。但如果压力刺激过强、去甲肾上腺素分泌过剩，就会让大脑陷入异常兴奋，出现易怒、心神不宁的情况，严重时还会导致抑郁症、社交恐惧症、强迫症等心理疾病。

学习中枢

学习中枢掌管着大脑的学习。大脑学习以“有无回报”作为努力的前提。对“回报”的理解因人而异，对于学生来说，获得高分、得到老师的赞扬、考上好的大学是“回报”；对于年轻的上班族来说，进一家大公司、拿到高薪、与美丽优秀的异性结婚、养育健康聪明的孩子是“回报”。这里不得不提激活学习中枢功能的物质——多巴胺。前面已经分析过，多巴胺是让人产生欲望的物质，对这些“回报”有了欲望，才可以忍受每天枯燥的学习生活，为了“回报”而不断努力工作。而如果多巴胺分泌过剩，人们就容易被求而不得的压力所包围，无法抑制自己的欲望，导致“购物狂”等心理疾病。

共鸣中枢

共鸣中枢可以使人对对方的行动产生共鸣，通过理解他人让我们具有同情、忍耐、理解等感受。例如，当我们在看到影片中一段感人的情节时，会情不自禁地流下眼泪，这是因为我们被影片中的人物或情节感动了，正是共鸣中枢活跃的结果。共鸣中枢由5-羟色胺激活，5-羟色胺可以抑制去甲肾上腺素和多巴胺的分泌，因此共鸣中枢还可以通过抑制学习中枢和工作中枢的异常兴奋使大脑处于平衡安定的状态。当5-羟色胺弱化的时候产生的精神压力就会作用于共鸣中枢。

3 5-羟色胺，大脑调节压力的秘密武器

5-羟色胺是大脑调节压力的物质，5-羟色胺能神经一旦被激活，大脑调节和缓解压力的机能就会随之增强。

5-羟色胺是精神压力的指挥者

5-羟色胺是一种抑制性的神经递质，当多巴胺与去甲肾上腺素分泌过多时，5-羟色胺就会抑制这两种物质分泌。可以将5-羟色胺想象成一场音乐会的指挥者，它不亲自演奏乐器，只是起到协调和平衡的作用，而多巴胺与去甲肾上腺素就像两个演奏者，接受5-羟色胺的指挥。5-羟色胺会抑制多巴胺能神经、去甲肾上腺素能神经的过度兴奋，保持整个大脑的平衡安定。

5-羟色胺与去甲肾上腺素有相似的地方，它们都能让大脑清醒，不同的是去甲肾上腺素能神经会根据内外的压力刺激改变释放量，而5-羟色胺神经则不管是否有压力刺激，都会持续释放一定量的5-羟色胺。通过有规律地释放从而平衡多巴胺和去甲肾上腺素，使这两种物质分泌过剩产生的精神压力不会在大脑中大量堆积。

5-羟色胺的五大功能

5-羟色胺除了可以调节精神压力，还具有以下五大功能：

保持平常心。5-羟色胺能神经会抑制多巴胺能神经、去甲肾上腺素能神经的过度兴奋，保持整个大脑的平衡，带来“平常心”。

让大脑保持清醒的状态。即使我们被某件事激怒或沉沦于某种欲望，只要5-羟色胺处于活化状态，就能让大脑很快冷静下来，发挥正常的思考力、判断力。

每天早晨可以清醒地起床。如果早晨5-羟色胺的分泌正常，就能使精神保持适度的兴奋，让我们有一个好的状态。

让人朝气蓬勃。当5-羟色胺分泌正常时，全身包括面部的肌肉会处于紧绷状态，背部挺直，整个人看上去年轻又有朝气。

减轻疼痛。5-羟色胺能抑制疼痛的传播，使人能够忍受一定程度的疼痛。5-羟色胺的活性越强，人对疼痛的忍耐力也会越强。

精神压力对5-羟色胺的影响

一般来说，5-羟色胺能神经自身不会直接受到压力的影响，不管有没有压力的刺激，它都会将5-羟色胺的分泌量保持在一个稳定的数量。释放出的5-羟色胺会和受体神经细胞里的5-羟色胺受体结合，抑制或刺激受体神经。没有与5-羟色胺受体结合的5-羟色胺会由“5-羟色胺搬运工”将其回收进5-羟色胺能神经，循环利用。以一定频率持续放出5-羟色胺的5-羟色胺能神经，有个“自我检查线路”，会对自己的功能进行自我检查，5-羟色胺能神经通过感知与这个线路中的“自身受体结合”的5-羟色胺量，做出“不需要释放太多”或“必须放出更多”的判断，调节神经冲动的频率，以便使5-羟色胺保持平衡。

精神压力虽不能直接影响5-羟色胺能神经自身，但它会使5-羟色胺能神经的“功能”变弱。精神压力会刺激下丘脑的室旁核，经中缝核降低5-羟色胺能神经的冲动，阻碍5-羟色胺的分泌，导致5-羟色胺的分泌量不足。这样一来，就会使早晨起床时的状态不佳，而且也无法抑制多巴胺与去甲肾上腺素的过度分泌。

5-羟色胺的锻炼方法

为了使我们具有更强的抗压能力，保证5-羟色胺的正常分泌十分重要。上面提到5-羟色胺能神经有一条“自我检查线路”，正因为这条线路的存在，5-羟色胺能神经不会像多巴胺能神经、去甲肾上腺素能神经那样失控。也就是说，即使给予刺激，也很难轻易增加5-羟色胺分泌量，即使增加，也会让它启动自我抑制机能，释放量马上就会减少。通过每天坚持晒太阳和规律运动可以逐渐让5-羟色胺能神经分泌的5-羟色胺增多，我们将在后面的章节中详细介绍。

Part 2

健康生活，帮助活化大脑

健康的生活方式可以增进大脑活力，舒适的生活环境、充足优质的睡眠、定期的脑部健康检查是不可缺少的，同时，还要远离抽烟、过度饮酒、常喝咖啡等损害大脑健康的不良习惯，再掌握一些日常减压小技巧，就会在不知不觉中拥有好的精神状态。

一 营造舒适的生活环境

生活环境不仅关系到人的生理健康，而且也无时无刻不对人的心理产生影响。通过营造舒适的生活环境，有助于我们维持健康的生理和心理状态，对减轻压力也很有帮助。

1 营造舒适的生活环境很有必要

人的心理会通过感官对外界事物的感知而受到周围环境的影响，当人处在比较舒适的生活环境中时，会产生良好的情绪体验，整个人的状态都比较放松；相反，如果人长期生活在拥挤吵闹、阴暗潮湿、空气污浊、狭小逼仄的环境中，就很容易导致某些心理压力的产生。即使有些压力的产生可能只是由于某一具体的事件或一段时间的问题引起的，而不是因为自己所生活的环境，但生活环境的舒适与否往往会影响压力的强度或持续时间。可见，营造舒适的生活环境对减轻压力很有必要。

2 自己动手营造舒适的生活环境

营造舒适的生活环境，对身心健康十分有利。如果你所生活的环境让你感到压抑、疲惫、萎靡，可以从以下几个方面着手改善：

让更多的阳光照进房间

如果房间昏暗，终日没有阳光照射，人长期处在这样的环境中，精神上必然会感到压抑。我们要认真审视自己房间的布局，力争让更多的阳光照进房间。注意不要在窗户前方摆放高大的柜子或其他大件物品，或给窗户贴上深色的贴纸，以免阻挡阳光照进房间；在阳光明媚的上午，可以拉开窗帘，让阳光洒进房中。

保持室内空气清新

处在空气流通的环境中，人体内的5-羟色胺神经的活性也会比较活跃；而在一些通风条件不良、空气混浊的房间里，人会更容易感到身心紧张。因此我们要时刻注意保持室内的良好通风，这样有利于排出房间的湿气和异味，减轻由于空气质量不佳带来的精神压力和不快。另外还要注意及时清理家中的垃圾，定期清洗床单、被套等床上用品，以免滋生尘螨、细菌，产生异味。

养一些适宜的植物

植物是身心健康的调节剂，观赏植物可以让人感到精神放松、心情舒畅，有助于减轻压力，并产生健康的情绪。可以在室内种植如君子兰、仙人掌、芦荟、富贵竹、绿萝等绿色植物，观赏性比较强，可以让人放松身心，还能改善室内空气质量，一举多得。

减少噪声污染

长期处在高噪声的环境中，会使人变得烦躁不安、压力增大，因此降低室内噪声就显得尤为重要。这需要在房子装修期间就考虑和解决，尽量选择隔音效果比较好的家具、门板、墙壁材料和装饰材料等，尤其是临街一面的墙壁和窗户的材料，更要慎重选择；在与邻居相邻的墙壁前摆放木质的柜子，可以适当阻隔隔壁传来的声响。

把房间收拾整洁

当你结束一天的疲劳回到家中时，如果面对的是一个杂乱无章的房间，你可能会觉得很崩溃，但如果迎接你的是整洁舒适的环境，整个人无疑会感到舒心很多。行动起来，每天挤出一点点小空档清理家中脏乱的区域，就能在不知不觉中养成随手整理的习惯，每天只需花费很少的时间就能让家中保持整洁、舒适，让身心都放松。

用色彩改善生活环境

生活环境的舒适与否，一大部分是通过视觉感受的。利用色彩因素，有助于塑造宜人的生活环境，让人的心理状态处于平衡稳定中。如室内装点一些黄色和橙色，可以给人温暖、阳光的心理暗示，感受到正面的情绪；添置一些绿色，容易让人感到充满希望；浅蓝色可以让人放松精神，缓解焦躁和稳定情绪，提高睡眠质量。

二 保证充足的优质睡眠

人的一生中大约有1/3的时间是在睡眠中度过的，睡眠是大脑和身体休息、休整和恢复的过程，睡眠的质量直接影响人们的身体健康和心理状态。要想减轻精神上的压力，保证充足的优质睡眠十分重要。

1 睡眠可以缓解压力

睡眠是人的基本生理要求，也是人体自我修复的必要过程，在白天紧张的劳作之后，人们通过睡眠可以让身体和大脑得到休息和恢复。

为什么睡眠可以缓解压力？人们对压力的感知，归根结底是大脑的作用。在进入睡眠状态后，大脑能阻断来自外界的信号，抑制精神压力对大脑的刺激，让大脑皮质进入休息状态，从而修复精神压力所带来的损伤。但需要注意的是，仅仅睡着了是不够的，必须是优质的睡眠才能起到缓解精神压力的作用。

原因在于，能够自动调整与个人意志无关的脏器的作用和功能的植物性神经分为交感神经和副交感神经，它们有着不同的分工。交感神经的活动主要保证人体紧张状态时的生理需要，人们在白天的活动中，感受到压力和紧张的是交感神经；副交感神经的作用与交感神经作用相反，它是保持身体在安静状态下的生理平衡，在夜间睡眠的时候起着修复身体损伤的作用。人体在正常情况下，交感神经和副交感神经处于相互平衡制约中，共同维护着我们的健康。但如果睡眠质量差，交感神经和副交感神经的平衡就会被打破，造成白天交感神经功能的异常增强和持续，让感受到的压力和紧张状态持续到夜间；而副交感神经的功能减弱，修复的速度不及精神压力损伤的速度，长此以往，我们的心理和生理都会出现健康问题。优质的睡眠能让交感神经和副交感神经处于比较理想的平衡状态中，缓解精神的压力，让每一天都朝气蓬勃。

2 熟睡的三个条件

只有优质的睡眠才能让大脑皮质得到充分休息，从而缓解精神压力，而保证良好睡眠质量的一个要求就是熟睡。你知道熟睡都有哪些条件吗？

褪黑激素的分泌

人为什么一到晚上就会犯困，想上床睡觉？其实是褪黑激素在起作用。褪黑激素是由大脑中的松果体随昼夜变化周期性分泌的一种维持正常生理机能的生物活性物质，具有调整入睡时间节律、镇静、促进睡眠、抗氧化、提高免疫力和抗肿瘤的作用。

在褪黑激素所具有的多方面作用中，对睡眠的影响尤为突出，褪黑激素在夜间的浓度升高，是正常睡眠开始的信号，因此褪黑激素也被称为“睡眠激素”。褪黑激素的分泌具有节律性，这种节律受光线强弱的调控。正常情况下，白天光线明亮时，大脑分泌的褪黑激素很少；到傍晚太阳落山后，光线渐渐暗淡，松果体开始少量分泌褪黑激素，之后分泌量逐渐上升，我们身体的核心体温开始慢慢地下降，觉得困意来袭，之后便进入了睡眠状态，这种运行机制对于获得可修复精神压力损伤的优质睡眠十分关键；在凌晨2:00～3:00，褪黑激素的分泌达到峰值，之后就开始渐渐减少了，睡眠逐渐变浅，直至日出后人自然醒来，到傍晚又开始下一个周期，就这样周而复始地循环。

由于褪黑激素的分泌受到光线的影响，在晚上如果总是在强光的照射下活动，或经常使用带有背光显示屏的电子产品，会或多或少抑制褪黑激素的分泌，引发睡眠时间减少、睡眠易被打断等问题，进而影响对精神压力所带来的损伤的修复。因此，如果你出现了因褪黑激素分泌不足而引发的睡眠问题，就必须纠正，在夜幕降临后减弱光刺激，上床睡觉关闭室内一切灯光，并用窗帘遮挡屋外光线，让松果体可以正常工作，自然地分泌出足够的褪黑激素，让你安心入睡。

5-羟色胺的活性

5-羟色胺是人体重要的活性物质，与人的睡眠和觉醒循环之间也存在紧密联系。在清醒和活动时，大脑中的5-羟色胺水平最高，但在进入深度睡眠阶段时几乎不存在。因为在太阳落山以后，5-羟色胺的分泌量逐渐减少，并在特殊酶的作用下转变为褪黑激素。可以说，褪黑激素正常分泌的关键正是5-羟色胺。大脑内5-羟色胺与褪黑激素正常，则白天大脑清醒，充满活力，夜晚正常入睡，睡眠质量好，大脑皮质得到充分休息，精神压力得以缓解。

改善生活方式

要想缓解精神压力，保持身心健康，就要使我们体内的生物钟有序运作，保证休息和运动的平衡。按照科学家的看法，地球自转一周为24小时，但人体内的运作周期比较长，一般认为有25个小时左右，这就意味着我们体内的生物钟与实际时间相差了1小时。按照这样的周期，我们起床、入睡的时间应当以每天1小时的速度后延，而且总有一些时候，我们的生活会变成“昼伏夜出”。

但是，在实际生活中，我们基本能做到“日出而作、日落而息”。即使跨越了时区，也能快速自我调节，适应时差。这是因为早晨通过晒太阳，我们的眼睛接收到光线后，会到达大脑内主宰生物钟的视交叉上核，此部位受到刺激后会把“走慢”了的生物钟重新设定，于是我们每天依旧会在相同时间产生睡意，隔天在相同时间醒来。然而生物钟却很容易受到不规律的生活方式的影响，出现运作紊乱的情况，一旦如此，就会造成睡眠障碍，还会对身体造成其他不好的影响。所以从长远考虑，必须努力改善不规律的生活方式。

3 保证优质睡眠的细节

为了让自己更好地入睡，用优质的睡眠缓解身体和大脑的疲劳，减轻精神压力，我们可以做好以下细节，以促进优质睡眠。

睡前喝杯热牛奶

牛奶中含有可以转化为5-羟色胺的色氨酸，而5-羟色胺对睡眠起着至关重要的作用。牛奶中还含有钙，有助于消除人的紧张情绪，对改善精神压力大和精神紧张者的睡眠状态有益。所以，睡前喝杯热牛奶可以促进睡眠。这里的“睡前”指的是上床睡觉前半小时左右，如果喝早了，牛奶可能和晚餐一起消化，困意提早来袭，带着饱腹感睡觉，容易引起肥胖；临睡觉再喝，就可能增加半夜起床去厕所的概率，反复折腾反而影响睡眠；睡前半小时喝，可以和晚餐消化时间错开，半小时后困意来袭，上床睡觉感觉正好。

睡前1～2小时泡个热水澡

泡澡也有助眠的效果。因为泡澡时身体会变得温热，等到上床睡觉时，身体的核心体温开始自然地下降，这样的体温变化容易诱发身体产生睡意，但这需要一个过程，所以一般推荐在睡前1～2小时泡澡，等到临睡时，体温刚好降到适宜睡眠的温度。泡澡的水温以37～40℃为宜，如果水温超过40℃，会刺激交感神经，体温上升，需要花费更多的时间体

温才会下降，反而会影响睡眠。如果没有条件泡澡，在睡前用温水泡泡脚也是放松身心的好方法，同样有助眠的作用。

睡前不饱食

所谓“胃不和则卧不安”，睡前如果吃得过饱，而在上床之前食物没有得到消化，就会增加肠胃的负担，容易导致睡不着觉。要想安眠，睡觉前尽量不要吃大量食物，可以在睡前半小时喝杯热牛奶助眠；晚餐建议在睡前4小时进行，并且不要吃得过饱，尽量不要食用肥甘厚味等不易消化的食物，还可以进行适当的运动，如散步、做家务活，促进食物的消化与吸收。

睡前不要长时间看电脑、手机

临睡前使用电脑或手机，明亮的显示屏会对眼睛和神经系统造成强烈的刺激，破坏体温变化规律，还会抑制褪黑激素的生成，同时使大脑处在极度兴奋的状态，进而影响睡眠质量，甚至出现失眠、多梦等睡眠障碍，使人体无法及时完成精神压力损伤的自我调节和修复。如果晚上要使用电脑、手机，建议在睡前2小时进行。

不要过早起床

研究发现，早晨4～6点是人体自主神经功能调整的最佳时机，人体在休息状态下有利于自主神经功能的恢复。而褪黑激素的分泌一直持续到太阳升起之前，并在凌晨2:00～3:00达到高峰。如果人能在这个时间段内保持良好的睡眠状态，就能让身心都得到休整。倘若过早起床，会使副交感神经不能完全修复精神压力和紧张的状态，身心的疲惫就无法缓解，因此，建议在日出之后再起床。

营造适宜睡眠的氛围

想要睡眠质量好，就应该为睡眠营造一个舒适的氛围。睡眠环境要相对安静，一般来说室内噪声不宜超过平时耳语的音量，因此卧室尽量不要选择靠近马路或广场的那一间，如果窗外环境嘈杂，睡觉时应关闭窗户，夏天使用的电风扇或空调也尽量选择静音类型。卧室宜保持温度20℃、相对湿度65%左右，一般而言，这个温度和湿度能使身体感到舒适，有助睡眠。但不同的人对温度、湿度的舒适感是不同的，所以只要自己感到舒适、适合自己就好了。要保持床上用品的干爽洁净，床单、被罩、枕套宜1～2周清洗一次，枕头也要经常晾晒消毒，这对于健康和提高睡眠质量都有好处。被子和睡衣的选择也有讲究，不宜盖太厚重的棉被和过紧的睡衣，这样会对身体有压迫感，不能放松全身，导致睡眠质量下降，宜选择保暖性好又比较轻盈的被子和宽松、透气的睡衣。

三 远离烟、酒、咖啡因

在压力大的时候，适量饮一点儿酒、抽一支烟、喝上一杯咖啡，会让大脑分泌脑内吗啡，使人心情愉悦。但凡事过犹不及，如果不能见好就收，变成过量食用，必然有害于身体。因此建议大家尽量远离烟、酒、咖啡因。

1 经常吸烟会加速脑组织萎缩

吸烟有害健康，相信大家都清楚，这句话甚至被印在烟草的包装盒上，但大家认识到的可能仅仅是吸烟对于呼吸系统的危害。事实上，对于大脑来说，常年吸烟也可加速脑组织萎缩。烟草中的尼古丁等有害物质一旦被吸入人体，就会刺激自主神经，使血管痉挛、脑动脉硬化，引起脑供血不足、脑神经细胞变性，并直接损害血管内皮，激活凝血因子，升高纤维蛋白原，使之易发生脑缺血性损害。正因为如此，常年吸烟的人，其脑组织会呈现不同程度的萎缩。

除了对大脑的伤害，吸烟对口腔、心脏、肺部、胃部、肠道、肝脏、生殖系统甚至全身骨骼都有危害，吸烟者患肺癌死亡率远远高于不吸烟的人群。不仅如此，身边的人常吸二手烟，身体健康也会受到很大影响。可以说，经常采用吸烟的方式放松身心无异于饮鸩止渴。

可能有人觉得偶尔吸一支烟问题不大，抱有这样的想法其实是十分危险的，因为吸烟成瘾往往是从“偶尔吸一两支烟”开始的。烟草中的尼古丁进入大脑之后会结合尼古丁受体，促进多巴胺的分泌，这时候你会觉得幸福、愉悦、有点儿爽，感到压力和紧张都被缓解了。然而过一会儿尼古丁就会被代谢，多巴胺的水平就会下降，这时候你会觉得很不舒服，迫切地需要下一支烟。如果仔细观察就会发现，很多吸烟的人会出现一个不经意的动作，吸烟时，手脚也会颤抖，这是因为吸烟带来了焦虑感，而焦虑感又会促进吸烟的欲望，慢慢地就对烟草形成了依赖。因此，当你想要用吸烟的方式来缓解压力、放松心情的时候，还是换个其他健康的方式吧。

2 长期过量饮酒有损大脑健康

适量饮酒对人的身心健康是有一定好处的，其中也包括缓解压力。因为饮酒能引起血管扩张，脑血流量增加，使大脑兴奋，疲劳感消失，还能刺激大脑奖赏回路释放多巴胺，使人产生愉悦感。

不宜通过饮酒的方式缓解精神压力

即便适量饮酒对人体有一定的好处，我们也不提倡通过这种方式来缓解精神压力。与吸烟一样，即使原本只是想通过饮酒减轻压力或者缓解一下疲劳，但之后很容易对此形成依赖，慢慢造成对酒精的依赖程度增强，也就是上瘾，最终导致过量饮酒。而过量饮酒会对大脑产生负面影响，长期大量地饮酒会降低大脑细胞的密度，使脑部快速萎缩，造成记忆力、学习能力、冲动控制能力和认知能力等的下降，甚至诱发阿尔茨海默病。

饮酒的注意事项

能不饮酒就不饮酒，如果饮酒也一定不要过量。一般来说，成年男性一天饮酒的酒精量不宜超过25克，成年女性不宜超过15克。这个酒精量是通过酒的度数换算来的，例如50度的白酒就说明100毫升酒中含有约50克酒精，那么一个成年男性一天最多饮用50毫升这种度数的白酒。

除了控制酒精的摄入量，在喝酒的种类和时间上也有需要注意的地方。要做到不饮烈性酒，烈性酒酒精浓度高，对人体有很大的危害，所以不宜饮用。另外有许多人习惯睡前喝酒，认为酒精能帮助入睡，这其实是错误的观念。喝酒之后确实会使人昏沉欲睡，这样虽能缩短入睡时间，但其实是让浅眠的状态持续，会常常在中途醒来，使睡眠变得断断续续，无法获得优质的睡眠。因此睡前喝酒表面上似乎对睡眠有益，事实上却可能干扰睡眠，让大脑无法得到充分的休息。

3 常喝咖啡会影响脑部活力

现在许多人都有喝咖啡提神的习惯，尤其是年轻的上班族。在觉得身心俱疲的时候来上一杯香喷喷、热腾腾的咖啡的确挺诱人的，它可以让人在一段时间内心情愉悦、精力旺盛！但这其实只是一种表象，喝咖啡并没有缓解人的疲劳，它只是让人暂时感觉不到疲劳，也就是“欺骗”人的大脑。而且如果你在不恰当的时间喝咖啡，或摄取过量的咖啡，还会影响脑部活力。

为什么咖啡会让人暂时感觉不到疲劳呢？这是因为人体细胞中有一种名为腺苷的化合物，它参与神经信号的传递。当人处在疲劳状态的时候，腺苷会将身体的真实情况传递给大脑，大脑接收到这个“疲劳信号”之后就会告诉人，让我们产生疲劳感。而咖啡中含有的咖啡因能够阻断腺苷与大脑之间的联系，这是一个复杂的过程，简单来说就是让腺苷无法向大脑通风报信，所以人就感觉不到疲劳，不知道要休息。而且咖啡因是一种中枢神经兴奋剂，如果咖啡喝得过多会让人总是处于神经过敏、精神紧张的状态，令大脑组织脱水、血流供应减少，影响脑部活力，加快大脑衰老的过程，还容易引起心脑血管疾病。另外，由于咖啡因能够使人头脑清醒并在大脑中停留一段时间，如果在下午至晚上睡觉前饮用咖啡，容易导致失眠，使大脑不能得到充分的休息。

因此，我们平时饮用咖啡要适量，以每天不超过 2 杯为宜。对于已经感到压力很大、精神紧张的人，咖啡更要少喝，因为咖啡会使神经兴奋，本来想缓和焦虑和紧张的情绪，喝了咖啡之后反而无法放松。此外，含咖啡因的食物也要适量食用，如巧克力、可乐等。为了拥有优质的睡眠，让大脑可以通过睡眠得到休息和恢复，建议在每日午后切断所有咖啡因的来源。如果下午实在需要提神，可以尝试喝一杯热腾腾的柠檬水或花草茶。

四 定期做脑部健康检查

压力过大对大脑的伤害可能许多人都有体会，举个例子，在面临重要的演讲、考试或其他会让自己感到压力的事件时，总会发现自己变得很健忘，有些重要的内容此前牢记于心，到临场却怎么也想不起来，这就是压力影响了我们的短期记忆。

1 长期压力过大易损害大脑健康

生活中压力无处不在，而这些压力也在悄无声息地侵袭着我们大脑的健康。研究发现，持续的压力会阻止负责情感和记忆的大脑海马区域产生新的神经细胞，还会影响其连接速度，而且会导致与情绪和认知功能障碍相关的大脑内侧前额叶皮质容量减小，进而导致烦躁情绪，使记忆和学习能力下降，即使只是短期压力也会导致与记忆有关的脑细胞之间交流障碍，这就是为什么压力大的人焦虑、烦躁、易忘事。这些都是大脑受损的表现，而且这种伤害其实不需要长时间的积累发酵，在短期内就能体现出来。如果整日“压力山大”，日后患上阿尔茨海默病等脑部疾病的风险会非常高。

2 定期做脑部健康检查，及早发现脑病变

大脑健康的重要性不言而喻，然而现在人们越来越接受去做常规体检，但极少有人在没有头痛等症状的情况下，主动地去进行大脑检查。就像汽车需要年检一样，其实人的大脑也需要定期检查，尤其是长期压力负担过重的人更应当加强对大脑的重视，定期做脑部健康检查，及早发现问题，及早改善，以免脑内发生不可逆转的病变。脑部检查中的脑电图、颅脑CT扫描或者MRI（核磁共振）等检查仪器，以及对5-羟色胺等神经递质的检查，有助于及早发现脑梗死、帕金森、精神分裂症、抑郁症、阿尔茨海默病等疾病的信号。

五 日常减压小诀窍

过重的压力是许多健康问题的元凶，学会对压力进行及时有效的疏通和化解至关重要。当大脑释放出压力过大的信号时，不妨尝试以下几个简单的日常减压小诀窍，可以很好地帮助我们缓和情绪、放松大脑。

1 笑一笑，十年少

中国有句古话叫“笑一笑，十年少”，意思是笑一次可以让人年轻十岁，这当然是一种夸张的比喻，但是笑对人的生理和心理健康的确大有裨益。

笑，并不只是一个简单的表情，它还是一种独特的运动方式，笑实际就是呼吸器官、胸腔、腹部、内脏、肌肉等人体各部位在做协调运动。人在笑的过程中肺部扩张，会不自觉地进行深呼吸，清理呼吸道，使呼吸通畅；笑会导致心脏的收缩加强，从而使心跳加快，心的输出血量大大增加，因此多笑能够有效地促进身体血液循环，促进人体的新陈代谢；笑还能促进消化道的活动，从而增进食欲，促进消化和吸收；此外，笑能强心健脑，增强心肌功能，使大脑皮质兴奋，脑部功能增强。

笑对健康的作用不止于此，笑能消除神经和精神上的紧张，缓解精神压力带来的危害。当人处在重压之下时，会出现紧张、焦虑、烦躁等情绪，此时，只要开怀地笑一笑，就能立刻使身体松弛、放松精神、缓解焦躁、稳定情绪，从而使人头脑清醒、精神振作。

所以经常笑一笑吧，如前面所说的，笑能纾解压力。如果你背负着巨大的压力、处于紧张焦虑的状态，那么笑对你来说可能不是件容易的事，你可以打开电视，看看搞笑的视频，或参加有趣的朋友聚会，努力地让自己笑出来，你会发现压力带给自己的压迫感似乎减轻了，情绪也变得愉悦明朗了许多，这都是笑的力量。

2 用泪水缓解精神压力

当我们还是个孩子的时候，感受到委屈、悲伤、害怕、后悔等情绪时，哭泣是我们自然的表达方式。当我们长大以后，却很难再轻易地哭了，因为我们意识到，即使哭也解决不了问题，也许还会被人认为是情感脆弱、意志不坚强。于是很多时候，我们只是在心里“哭”，而眼睛里根本没有泪水。其实人在哭泣时流下的泪水和睡眠一样，也具有缓解精神压力的作用。

不一样的泪水

眼泪虽然肉眼看上去都一样，但流泪的理由和生理、心理作用却不同，科学家将泪水分为三种：其一是产生于眨眼瞬间的泪水，这是眼睛为防眼干和保护角膜而分泌的，正常泪腺每日分泌约2毫升；其二是反射性泪水，如因为切洋葱呛到而流的眼泪；其三是情感性泪水，是由于触动了激动、悲伤、悔恨、恐惧、同情等情感而流出的泪水。我们一般所说的“哭泣”就是指因为触动感情而流下的情感性的泪水。

情感性泪水可以缓解精神压力

想通过泪水来缓解精神压力，仅仅反射性地流眼泪是不够的，只有触动感情而流出的情感性泪水才能真正让人放松。

白天活动时，或者当人处在高压状态下时，交感神经会比较活跃，机体随之会分泌过多的肾上腺物质，导致心跳加快、血压升高、脏器功能失调。通过睡眠可以缓解精神压力给身体带来的损害，但是现代人工作和学习的压力普遍都很大，常因忙碌而睡眠不足，于

是交感神经长期处于活跃状态，心理压力得不到宣泄，整个人自然会感到紧张不安。而触动情感地流泪虽然不能对睡眠不足起到代偿作用，但可以起到和睡眠一样缓解精神压力的作用。当人的情感被触动流下情感性泪水时，大脑会经历一个复杂的过程，使人体由交感神经活跃状态切换到副交感神经活跃状态，身体便会慢慢松弛下来，于是人便感觉轻松畅快了许多。但如果只是反射性地流泪，由于大脑前额皮质没有受到刺激，也就无法使副交感神经占据优势地位，就没有缓解精神压力的作用了。

哭泣也要讲究窍门

当我们觉得自己的精神压力很大，并且无法纾解时，可以让自己痛痛快快地哭一场，彻底发泄一下。对于一些已经习惯了“有泪不轻弹”的人来说，有意识地哭泣需要掌握一定的窍门：

- 准备一些自己喜欢的、能够催人泪下的书籍或影视作品，可以因感动而哭泣。
- 如果不喜欢被人看到自己流泪的样子，可以找个没人的房间，尽情地大声哭泣。
- 想哭的时候不要强忍泪水，也不要在哭泣的中途强行停止，以免使交感神经处于活跃状态，压力无法得到缓解。
- 哭泣不需要持续很长时间或者经常哭，一般一次 5 分钟、一个星期有一次就足够了。
- 不用强求哭的程度，只要动情流泪就好。

周末痛快地哭一场

我们在观看影视作品的过程中，看到其中的人物哭泣，往往也会产生共鸣，流下“同情的眼泪”。到了周五的晚上，已经积攒了一周的压力，情绪比较饱满，此时观看一部可以令我们产生共鸣的影视作品，来一次感动的号啕大哭，可以让副交感神经很好地修复精神压力带来的损伤，以饱满的精神迎接下一个周末。

与人分享眼泪

与重要的人一起分享眼泪可以引起更大的共鸣，哭得更加痛快，达到更好的减压效果。例如，与爱人一起看一场令人感动的电影，给家人送去温暖的关怀，与朋友看一场激动人心的比赛，这样一起流下感动、喜悦、激动的泪水，远比自己一个人孤独地流泪要痛快得多。当然，如果你当着别人的面哭泣会造成更大的心理压力的话，就还是选择一个人流泪吧。

3 闻一闻芳香味道

我国自古以来就有使用芳香疗法治疗疾病的传统，在缓解精神压力方面，芳香气味也可以起到独特的作用。以下介绍几种有助于缓解压力、舒缓紧张、消除疲劳的芳香类植物：

芳香类植物		主要功效
马鞭草		香味清爽宜人，能缓和紧张的情绪，改善焦虑、神经衰弱等症状，使心情平和镇定，可做茶饮
薰衣草		有迷人的花香，能缓解紧张与压力，并可改善失眠，可做茶饮和薰衣草枕，或在沐浴时使用
玫瑰花		有浓郁的花香，用作茶饮可镇静心神，改善内分泌失调、促进身体新陈代谢
桂花		味道清香怡人，能帮助愉快入眠，放松脑部神经，缓解头痛及压力，让身心获得释放
紫罗兰		香气浓郁，有轻微的镇定作用，搭配薰衣草做茶饮可克服失眠、抚平愤怒与焦躁情绪
洋甘菊		带有苹果香气，具有很好的舒缓作用，可用作茶饮或制成精油用于护肤、洗浴、泡脚，能舒散焦虑、紧张、愤怒的情绪，减轻忧虑，放松心情
柠檬草		清凉淡爽的柠檬香，可用于制作香水、香皂，也可做茶饮，具有缓解疲劳、调整心情的作用
康乃馨		具有优雅的香气，可以清心除燥

注意：使用或搭配不同种类的芳香类植物时有不同的注意事项，建议咨询专业人士，容易过敏的人群以及孕妇应谨慎使用。

4 和镜子里的自己说说话

和镜子里的自己说说话，听起来似乎有点儿傻气，但许多人不知道，这其实是一种简单方便的减压方式。

不同的思维方式不可能同时占据一个人的大脑，当我们凡事朝着有利的方面去想，时常保持快乐的心境时，就能将焦虑、烦躁、恐惧、病态等思想挡在大脑之外，保持坚强、活跃、乐观和机智的思想。怎样让我们时常保持积极的思维方式呢？其中一个有效的方法就是和镜子里的自己说说话，如“早上好，打起精神好好干，你一定行”“你今天的状态好极了！”“今天的工作都完成了，你真棒！”“这件事情并不重要，也不复杂，你不用时时刻刻惦记着。”这样的表述，听上去好像是一个自己在安抚、称赞另一个自己，却往往能够有效调节情绪。因为和镜子里的自己说出类似的话之后，会使人截断负面思想和情绪的自我渲染扩大，避免情绪过度敏感、紧张、恐惧等，会增加自信和乐观，有效缓解精神压力。对自己说话，也是心理医生用来帮助患者解压的基本技巧之一。

5 学着转换大脑

所谓转换大脑，就减压来说，是指将我们大脑中的负面信息转换为正面信息。日常生活中，我们的大脑是无法自主处理负面信息的。例如，当你闭上眼对自己说：“不要想象自己正在咀嚼一片鲜美多汁的橘子，不要想象这片橘子在接触到自己的牙齿和舌头时那种酸酸的感觉。”此时，你的口中是不是已经充满了唾液？这证明了，我们的大脑是无法去识别“不”字的，当我们说“不要怎么样”的时候，往往大脑接收的是“不要”之后的信息。这就是我们在工作和生活中不断提醒自己“不要紧张、不要犯错、不要有压力”的时候，身体和大脑却往往不听使唤的原因。

因此，我们在自我减压时，要学会把“不要大脑如何”转换为“要大脑如何”。例如，当我们由于某一具体的事件或一段时间的问题感到“压力山大”的时候，如果不想让紧张、焦虑、烦躁这些负面情绪占据我们的大脑，那么就要用积极的指令把大脑中的负面信息转换为正面信息，例如“我需要深呼吸”“我需要去学习”“我需要去做感兴趣的事”，而大脑会主动寻找、专注那些让你放松、成长、感兴趣的事，并在做这些事的过程中放松自己。

6 坚持科学的晨练

锻炼可以使体内的5-羟色胺在不知不觉中活化，缓解负面情绪，而清晨锻炼减压效果会更好。因为清晨是身心开始一天活动的时间，5-羟色胺的分泌比较旺盛，这时通过晨练使5-羟色胺得到强化，可以让我们梳理好心情，接下来的一天都会变得更加高效、有活力。

如果之前没有晨练的习惯，抱着“我是为了减轻压力而晨练”的心理来晨练，本身就已陷入了精神压力的重围之中，也难以坚持下去。所以建议刚开始进行晨练的人不要勉强自己，从每天5分钟开始，进行一些自己感兴趣的锻炼，如慢跑、散步、做操等，运动量不需要太大，以免让身体过于疲劳。当然，即使是相对轻松的锻炼，初期身心也会出现一些短暂的不适，这是5-羟色胺增加后进行自我检查回路、抑制5-羟色胺分泌的结果。但是坚持晨练的话，5-羟色胺的增加就会变为常态，身心的不适感也会逐渐消失。

晨练减压的关键是坚持每天科学地进行，然后可以慢慢增加时间，由开始每天5分钟逐渐增加到每天30分钟。坚持6个月后，就会发现身心状态变得非常好，但不要就此停下，可以把晨练当作生活中的一部分坚持下去。当然，在特别繁忙和身体不适的时候也不要勉强，以免适得其反。

多晒太阳

阳光与水、空气一样，都是人类生存不可或缺的基本条件。充足的阳光不仅有利于人的身体健康，更能给人带来精神上的愉悦。

阳光可以促进5-羟色胺的生成

5-羟色胺的分泌有一定的规律，太阳下山以后，5-羟色胺在特殊酶的作用下转变为促进睡眠的褪黑激素，在早晨的时候又开始分泌，阳光的照射可以让人体内5-羟色胺的分泌更为旺盛，让我们的精神“适度”兴奋，使整个人处于一种神清气爽的精神状态。想要缓解精神压力带来的焦虑、紧张、心烦意乱，就想办法让自己多晒晒太阳吧，使大脑内的5-羟色胺处于“满格”状态，整个人都精力充沛。

可以让我们多晒太阳的小习惯

生活在城市里的现代人往往在阳光不那么充足的环境中生活，上下班途中不是坐在汽车里就是挤在地铁中，整天在写字楼里工作，下班回到家已经夜幕降临。这是许多上班族的常态。对于他们来说，接触阳光的机会太少了，即使是不用上班的家庭主妇，由于每天忙于照顾孩子、老人，操持家务，晒太阳的机会也有限。以下几个小习惯可以帮助我们多晒太阳：

早起1小时：早晨被闹钟勉勉强强叫起，匆匆忙忙洗漱，慌慌张张出门，这样紧张的状态无疑让人一早就备感压力。如果早晨可以被阳光温柔唤醒，从容地洗漱，沐浴在阳光下吃早餐，不必慌张地出门，时间充裕的话还能进行一下晨练，那么一整天的精神状态都会比较放松。但是，由于习惯了晚睡晚起，想要早起沐浴清晨的阳光对许多人来说是件非常困难的事。不必一开始就强迫自己早起1小时，可以在晚上早一点睡，第二天早起5分钟，然后逐渐延长早起的时间，经过一段时间后，生物钟就会调整过来。不仅在工作日要如此，到了休息日也要坚持早起，以免打乱生物钟规律。

起床后拉开窗帘：大部分人在刚起床时都无法立即完全清醒，这是因为大脑在夜间分泌的褪黑激素让人还处于迷糊的状态。起床后拉开窗帘，让阳光照射进来，

体内的 5- 羟色胺神经会随着这种生活环境活跃起来，让人全身心地清醒过来，开始朝气蓬勃的一天。

上下班途中创造多晒太阳的机会：每天上下班途中可以多走一段路再坐车，尽可能少坐地铁，改乘地面交通，不要小看这么一小会儿的时间，它可以增加你沐浴在阳光下的时间，对于常年坐在写字楼中、早出晚归的上班族来说十分有益。

沐浴在阳光下做家务：对于家庭主妇及休息日在家的人群而言，可以在早晨的时候站在太阳下晾晒衣物或被褥；拉开窗帘，让阳光洒进来，在阳光下打扫房间；如果家里有孩子，上午还可以带他到公园散散步，进行一些户外运动；下午步行去市场购买所需的物品，增加接受阳光照射的机会。

阳光虽好，暴晒有害

俗话说“物极必反”，晒太阳虽好，但也要讲究时间和方法。过于强烈的阳光以及长时间的光照会伤害视网膜，而且容易晒伤皮肤，过强的阳光同时也是精神压力的一种来源。所以一天中晒太阳的时间不要过长，每天有30分钟就足够了，感觉疲劳或不适的时候就可以停止。夏季的阳光由于格外强烈，晒太阳的时间应更短一点，尤其要注意避免在午后的强光照射下活动，那样不但无法减轻精神压力，还容易陷入焦躁、易怒、烦闷的情绪中。房间内的阳光过于强烈的时候，可以用窗帘等屏障加以遮挡。晒太阳的时候，不能盯着太阳看，以免阳光对眼睛造成伤害。

8 入浴时做腹式呼吸

平时我们呼吸的方式主要是胸式呼吸，是在人的胸廓与肋间进行的，吸气时不会鼓起腹部。腹式呼吸是在人的胸内膈上下活动，吸气时让腹部尽量凸起，吐气时压缩腹部使之尽量凹下去。相比于胸式呼吸，腹式呼吸对肺的利用更充分。

腹式呼吸法

进行腹式呼吸的关键是要姿态舒展、心态松弛。刚开始练习腹式呼吸时，身体可能会感到莫名的紧张，但形成习惯后，会有一种十分舒畅的感觉。

第一步，双手轻松搭放在腹部，集中精力在呼吸上，鼻子缓慢地吸气，随着吸气有意识地鼓起下腹部，直到感觉实在吸不进去时停止吸气。

第二步，屏住呼吸，直到实在憋不住时才从嘴里一点一点往外吐气，随着吐气收缩下腹部。一般吐气的时间持续20秒，吐完最后一口气后要收缩肛门，注意吐气时双手不要压迫腹部。

就这样鼻吸嘴呼，下腹部随着呼吸不断地膨胀和收缩，可以按照这个程序反复练习。刚开始练习时，建议每次训练的时间控制在10分钟内，以免一次练习时间太长，造成第二天肌肉酸痛。

入浴时做腹式呼吸效果更好

进行腹式呼吸可以使血液中的5-羟色胺浓度增加，还能使体内各器官都享受到新鲜空气的给养，既有利于净化血液，又有利于大脑的活化。做腹式呼吸要求全身比较松弛，一个人入浴时，正是神经系统都得到放松、感到无比惬意的时候。这时半躺在浴盆里，看到吸气时肚皮缓缓凸起，热水慢慢滑落；呼气时肚皮缓缓凹陷，热水慢慢淹没胸腹。这时进行腹式呼吸的效果，往往比在其他环境中的腹式呼吸效果更佳。

9 用音乐放松大脑

有压力的时候恰恰也是听音乐的好时机，在这时听音乐，为的不是享受音乐，而是为了让音乐疗愈自己、放松大脑。当然，听什么音乐也是有讲究的。

早晨，听一些富有节奏感的音乐，会刺激被称为语言脑的左脑，而左脑受刺激的表现是兴奋，可以迅速让大脑清醒过来。

忙碌了一天，到了晚上，可以听一些自然界中的声音，比如潺潺的流水声、森林里的风声、小鸟的鸣叫声、叮咚的泉水声，可以让心情平静下来，并有促进睡眠的作用。

在脑电图上，大脑可产生四类脑电波，其中 α 波是身心比较平静时的脑电波。研究显示，优美的音乐，特别是和 α 波频率相同的音乐，容易通过听觉来诱导大脑，与大脑中的 α 波产生共鸣，使人的情绪很快平静下来，回到 α 波的状态，从而帮助大脑放松。

听音乐不必集中精力刻意去听音乐的内容，只需要将身心融入其中，感受这样的旋律，就可以达到放松大脑、缓解疲劳的效果。我们也不需要刻意腾出时间来听音乐，清晨上班的途中、下班回家的路上、锻炼过程中、睡前、做家务的时候，都可以播放一段合适的音乐作为背景音。

10 使用腹肌唱歌和朗诵

还记得自己上一次大声地歌唱和朗诵是什么时候吗？研究证明，使用腹肌大声地唱歌和朗诵能让人感到愉悦、缓解压力，同时对人的呼吸、心脏和免疫系统等也有益。

要使用腹肌唱歌和朗诵，首先，要熟练掌握腹式呼吸的动作。其次，站立的姿势也很关键，发声时，双脚要自然分开，松弛双肩，挺直胸背，腰部的重心放在中央，收缩肛门，同时下颌微微抬起，目视远方。唱歌或朗诵时，用腹肌尽力地把肺里的空气“挤”出来。练习时可以选择自己喜欢或熟悉的歌曲、诗歌等，不用在意自己唱得怎样、读得如何，只要认真地用腹肌大声发音，就能起到平复心情、释放压力的效果。

怎样判断自己唱歌或朗诵时有没有使用腹式呼吸呢？一般来说，如果呼吸没什么声音，胸部比较平静，没有向上的起伏，肩膀比较放松，这样的话，基本上就属于腹式呼吸了。所以刚开始可以对着镜子练习，注意自己有没有不自觉地转回到胸式呼吸。

11 制造半醒半睡的状态

当人在清醒时，交感神经活跃，人以左脑为中心，且表现出敏感的心理状态，此时如果加上精神压力，整个人就会表现得极度紧张。缓解这种紧张的是副交感神经，而副交感神经比较活跃的时间是在我们睡眠的时候，此时左脑安歇，右脑开始了活跃的工作。半睡半醒的朦胧状态可以在人清醒时制造处于主导地位的效果，从而起到缓解精神压力的作用，而且不会干扰正常的生物钟规律。

制造半醒半睡的状态需要选择一个静谧的场所，人挺直腰背坐在靠背椅上，双脚分开与肩同宽，小腿自然垂直于地面，眼睛半睁，视线落于前方，整个人进入放松状态，可以在心底自言自语暗示自己“心平气和，放松”。

接着感受双手双脚的重量，可以将“左手重”“右手重”“左脚重”“右脚重”的感受念给自己听，这样双手双脚会有沉重感，然后以同样的方法感受双手双脚的暖意。接下来也要用腹式呼吸法使呼吸舒畅，通过自我暗示的方式使心跳平稳、规律，感受腹部的温暖和额头的凉爽舒适，获得松弛的身心。

最后，进入收尾阶段，此时人处于恍惚之中，为了从半醒半睡的状态苏醒，可以连续使劲握紧双拳数次，然后睁开双眼，双手抬起上举过头顶，击掌，使自己完全清醒过来。

这种状态每天可以进行两次，每次不超过10分钟为宜。在半醒半睡的状态中，大脑会分泌出脑内吗啡，右脑会更加积极地参与工作，醒来后会感到心情愉悦、身心放松。

12 勤于用脑，坚持学习

我们经常把学术上有一定成就的人形容为“学业有成”，而学业虽然可以“有成”，但知识却是无穷的。如今世界在飞速变化，新的知识像海浪一般地涌来，人的一生都需要不断学习、奋力前行，永远没有学尽知识的一天。事实上，许多面临工作压力的人，其压力就是来自知识的不断更新，这种职场的“学海无涯”使他们缺乏安全感，甚至会有被淘汰的恐惧感。

“生命在于运动”，这是生物界的一个普遍规律，大脑亦是如此。勤于用脑，坚持学习可以让大脑保持良好的状态。大脑保持活力，就能促进机体的其他器官保持活力，这同时也能给自己带来好的心理状态，使自己的生活、精神充满动力。当我们感到压力太大、难以解脱的时候，不妨动动脑，用学习给自己充充电，不管是学习专业知识，还是学习自己感兴趣的内容，在学习的过程中，为学到新知识而高兴，在获得赞同的新理念时欢呼雀跃，在看到一个有趣的内容时会心一笑，这些感觉都会使人心情愉悦、压力得到减轻。

13 培养广泛的兴趣爱好

兴趣爱好往往和人的积极情感相联系，这些消遣能给人带来快乐，并让身心投入其中，充分放松和享受。现代社会生活节奏快，人们感受着来自四面八方的压力，不少人的大脑处于持续紧张状态，造成疲劳、压抑、焦虑。而从事自己感兴趣和喜爱的事情，会让注意力从压力中分开，让大脑得到放松。除了放松大脑，兴趣爱好还能为生活增添平衡感，让工作、学习之余的闲暇时间变得充实快乐，这种满足感可以让压力得到很好的释放，保持健康的精神状态。临床研究也证明，与兴趣广泛的人相比，缺少爱好的人抑郁程度更明显。

不管是青年人还是老年人，都应该至少培养一种健康积极的兴趣爱好，让大脑可以得到休息。年轻人可以跳舞、演奏乐器、运动、阅读、唱歌、朗诵、做园艺、烘焙等，老年人可以找些相对轻松的爱好，比如读书、看报、绘画、钓鱼、养花、下棋或练习太极剑等。对于已经被繁忙的工作压得喘不上气来的人来说，需要专门为自己的兴趣爱好腾出时间，制订计划，对一周的时间进行合理安排。

1.4 让手机远离枕边

现在许多人习惯拿手机当闹钟，或为了方便接听电话，在晚上睡觉的时候会把手机放在枕头边；还有的人喜欢在睡前躺在床上玩手机，等到要睡觉时就顺手把手机往枕头旁边一放。其实，把手机放在枕头边上是一种不好的习惯。

手机在使用和待机的过程中，会产生不同程度的辐射，这些辐射对人的大脑危害较大，它会影响到大脑皮质内部的血流量，对人的中枢神经系统造成功能性的障碍，如果长期把手机放在枕头边睡觉，很可能会引起头痛、头晕及耳鸣等问题，对于那些本身睡眠质量就不高的人而言，可能会因此出现失眠、多梦等情况，白天积累的压力也无法通过优质的睡眠得到缓解。因此，睡觉时要让手机远离枕边，可以用闹钟代替手机闹铃。

此外，还要改掉睡前躺在床上玩手机的习惯。其中一个原因是手机发出的蓝光会阻碍褪黑激素分泌，进而影响睡眠，可能造成放下手机后迟迟不能入睡的情况。另一个原因是，睡前过度关注手机，会让人不由自主陷入一种兴奋状态中，内心难以安静，即使在睡眠中也不能完全放松，引发睡觉时间减少、易被打断等睡眠问题，第二天起来仍然觉得很疲乏，因为大脑并没有得到充分休息。作为成年人，要利用自己的克制能力约束自己，改正睡前躺在床上玩手机的习惯。

Part 3

规律运动，拒绝压力反噬

众所周知，合理的运动有利于身体健康，其实，运动同样也是活化大脑的法宝、减压的灵丹妙药。但运动也要科学合理，不能随意，制订适合自己的运动计划，学会科学的运动方法，注意运动禁忌，才能事半功倍，真正起到减压的效果。

一 合理运动是活化大脑的法宝

如果要说出运动的好处，想必有很多人会说，保持身材，增强体质，预防疾病等，但你可能不知道，合理运动可以帮助身体分泌“快感激素”——内啡肽，起到减压的作用，压力排解，大脑自然更灵活。

1. 运动让大脑受益颇多

运动之后常常会感觉心情舒畅，一天的工作压力也会减少很多，所以越来越多的上班族会在下班之后去健身房。这其实是运动减压的功效，不仅如此，合理适当的运动，还能给大脑带来诸多好处。

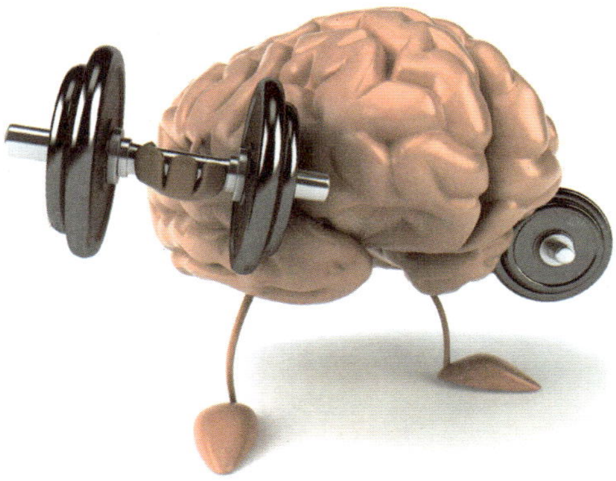

促进大脑发育

研究显示，运动有助于促进神经细胞生成，也就是在已经成熟的大脑中创造新的脑细胞。此外，还可以增加大脑的血流量，为大脑带去更多的氧气，从而有助于改善由于年龄的增长而造成的脑内新细胞生长速度减慢的过程。

提升构建大脑激素水平

脑源性神经营养因子可以促进脑细胞的生长和增殖分化，就像植物长得好，需要肥料一样。而且此种营养因子对于负责记忆的大脑区域海马体来说更为重要。运动越多，所产生的有益因子越多，人体的记忆功能才不会随着时间流逝而减退。

击退抑郁和焦虑

抑郁、焦虑等不良情绪会减弱大脑加工信息的能力，让人们难以集中注意力以及做出决定。好在运动可以击退这些“干扰分子”，因为运动可以促使身体合成血清素和多巴胺，也就是决定人体快乐情绪的脑内化学物质，从而给人以愉悦的心情。

减少压力的影响

既然有“快乐激素”，就会有与之对抗的“压力激素”——皮质醇，人们思考减缓、分散及健忘，就是压力导致的，而运动可以降低皮质醇含量，帮助人们重新找回清晰的思维。此外，还能帮助脑内齿状回区生成新的视神经细胞。

提高大脑的执行能力

大脑的执行能力从根本上说也就是认知能力，包括完成工作的记忆、组织整理、抽象思维、筹划未来等能力。研究显示，坚持有规律运动人群的大脑执行能力，会比不锻炼人群高几倍。

提高对胰岛素的敏感度

医学研究显示，运动后的至少十几个小时内，人体的胰岛素敏感度是属于提升状态的，这能帮助食物转化的葡萄糖和血糖进入细胞，为包括大脑在内的身体各项器官提供能量。尤其是对于糖尿病人群来说，适度运动有益健康。

2 运动令右脑更活跃

人的大脑分为左右两个半球，人们习惯于称其为左脑和右脑。其中右脑不仅要负责空间形象记忆、视知觉、情感、直觉等感性思维，还要负责身体协调、运动等“工作”，当人体想要进行运动或体育锻炼时，要先由大脑发出“信号”，运动系统做出反应才能完成，运动刺激会回传到右脑，从而产生右脑刺激。合理运动可以让右脑更活跃。

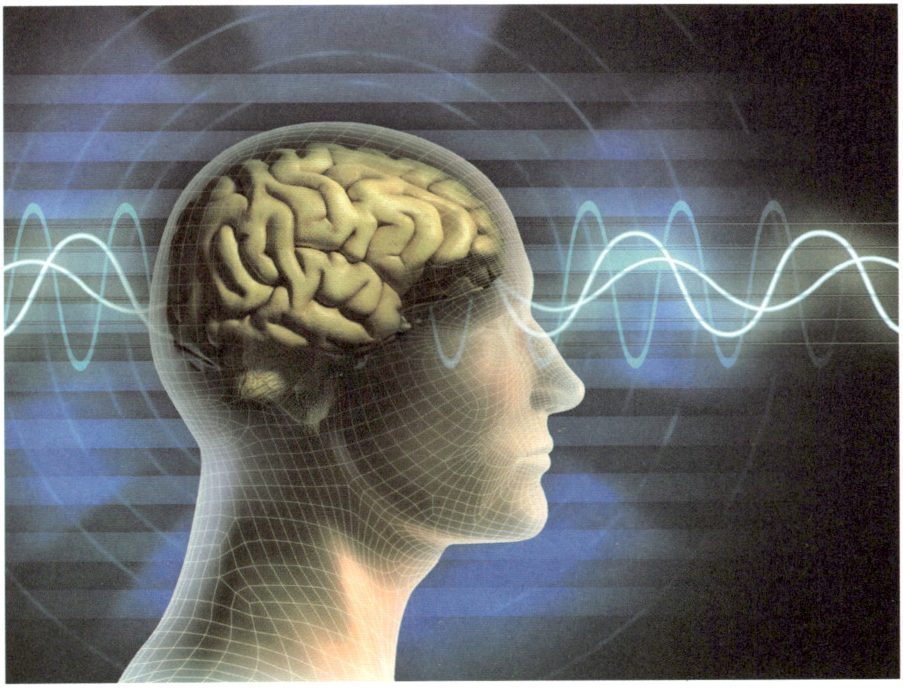

3 运动是5-羟色胺的后备

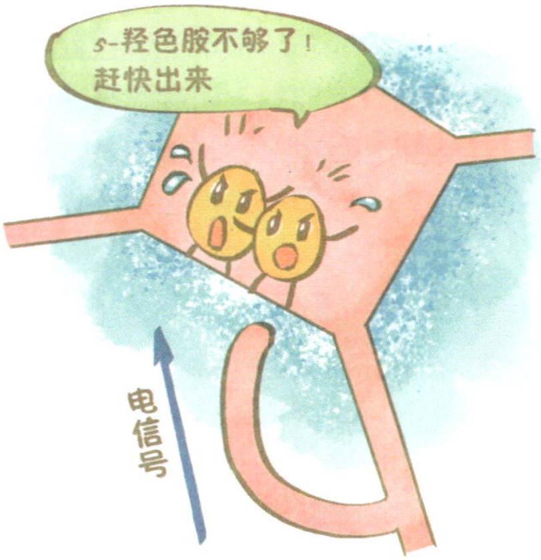

“精神压力的指挥者”5-羟色胺，不仅会因阳光的照射而变得活性增强，也可以通过运动而变得活跃，预防“5-羟色胺自我感受器”数量的减少。正是基于这种原因，运动被称为5-羟色胺的“后备”。

“5-羟色胺自我感受器”像是5-羟色胺神经里的“5-羟色胺接盘”一样的东西，它可以感知到5-羟色胺的连接，使得5-羟色胺的分泌维持在一个相对平衡的程度。这种感受器一旦减少，就会造成其感知到的5-羟色胺的减少，大脑就会接收到“5-羟色胺释放不出去”的信号，从而指挥5-羟色胺神经增加5-羟色胺的分泌。

为了避免“5-羟色胺自我感受器”的减少，增强5-羟色胺的活性，每天进行运动强化是必不可少的。散步、慢跑、骑行、爬山等都是不错的选择，只要做到合理、规律地使肌肉运动即可。运动初期，不要过于严格，要在循序渐进中使5-羟色胺得到活化，自己也会感受到心理、情绪上的明显变化。

4 多流汗多排毒，减少压力

出汗是生活上的适应现象，目的是发散热量，调节体温，尤其是在天气较热的夏天或者刚刚运动完。尽管大多数人都不喜欢“汗臭”味，但汗水能反映身体的运作状况，还具有排毒的作用。

首先要学会从汗水中掌握身体异常的信号，有研究发现，当人承受巨大的压力时，体内大汗腺就会促使汗水产生，由于大汗腺多分布于腋下、乳晕等特定部位，因此这些地方更容易出“压力汗”。当出现此种状况时，就要适时缓解压力。进行一些运动锻炼吧，合理适度的运动既可以增强体质，还能促进身体分泌5-羟色胺，给人以愉悦感，压力会减小很多，而且运动出汗还是排毒的好方法，因为汗液是体内砷、镉、铅、汞等有害物质排出的途径之一，在汗液中可检测到与尿液中浓度相当的重金属成分，有时浓度甚至会比尿液更高，所以人们只喝水以增加排尿次数排毒是不够的，还要多出汗，将毒素排出。

二 制订适合自己的运动计划

为了身心健康，就要合理运动，为此，不仅要选择适合自己的运动方式，还要制订合适的运动计划，帮助自己明确努力的方向，让运动有规可循。否则，一时兴起，随性运动，只是在做“无用功”。

1. 运动时间

虽说人们进行运动的时间要根据自己的生活习惯、身体状况和工作性质而定，但也有一些关于运动时间方面的建议，方便您具体选择。不同时间进行运动有不同的效果，而且运动时间的长短也有一定要求。

早起运动

如果有早起的习惯，可以充分利用这段时间进行运动。早晨空气清新，此时锻炼，不仅有助于体内新陈代谢，还能缓解大脑皮质的抑制状态，提高其兴奋性，醒脑提神。但不要空腹或饭后立即运动。

午餐后运动

午餐之后2小时左右进行运动锻炼，比较适合在午后有空余时间的人群。一定强度的运动，不仅可以增强体质，还可以调整身心，缓解压力。做做伸展体操或者慢跑几圈，都是不错的选择。

晚上运动

如果想要在晚上进行运动，建议在晚饭后1小时进行，还要与入睡间隔1小时。可以选择散步、跳舞等项目，运动强度不宜过大，既能帮助机体消化食物，同时也不会造成中枢神经过于兴奋而影响休息。

每次不少于1小时

为了保证一定的运动效果，每天进行锻炼的时间不要少于1小时，当运动强度与运动时间出现矛盾时，应首先考虑运动时间。如果工作繁忙或者身体机能较弱，可以采取集零为整的方法，多进行几次短时间运动，也能保证运动效果。

运动时间不是越长越好

运动时间要根据个人体质、运动项目、运动强度等因素来决定。一般情况下，每次锻炼不宜超过 2 小时，40 分钟左右的运动时间，就能保证良好的运动效果。

2 运动场地

运动场地的好坏关系着运动者的安全，运动场地的环境对运动者的情绪也有影响。因此，不是所有地方都适合运动，到底该如何挑选呢？不妨看看下面的内容，让您健康运动，事半功倍。

室外运动场地要选择在平坦、开阔的地方

这是确保运动安全的基本条件，也是重要要求。以下场地不建议作为运动场所。

高楼下的广场。虽然离家近很方便，但高楼林立，楼群之间很容易形成时强时弱的阵风，也就是“高楼风”。在其中的广场上锻炼，人们处于变幻不定的风速中，很容易受凉感冒。

临近公路的人行道、花园、广场甚至立交桥下的空场等。这些地方一般车流量较大，空气中含有大量的有害气体和灰尘，被吸入体内，很容易诱发哮喘，还会损害身体脏器。

此外，如果室外阳光较为强烈，温度较高，就要选择在室内场地运动，因为紫外线的强烈照射很容易引起各种皮肤疾病，而温度较高容易引发中暑。所以当室外条件不允许时，就要适时选择室内运动场地，如健身房，游泳馆，篮球场等。

室内运动场地的湿度、温度有讲究

一般来说，气温适中时，空气湿度对人体影响不大，但高温或低温环境下，就会有明

显影响，湿度越大，人体散热的阻碍也就越大。为了避免不利影响，一般情况下，室内运动场地的湿度宜保持在40%～60%。

如果室内运动场的温度较低，就要注意保温。运动前做好热身运动；运动时不要用嘴呼吸，避免冷空气直接刺激咽喉。

3 运动装备

如果说运动是身心健康的“必须工作”，那适合的运动装备可以算是“锦上添花”，尤其是对于女性来说，一身舒适的运动装备，不仅能保护我们的身体免受伤害，还能穿出不一样的美感，连运动兴趣都大大提高了。

提起运动衣，很多人的第一反应就是购买一套柔软舒适的纯棉运动服。不可否认，纯棉材质的衣物确实具有亲肤、柔软的特性，同时还很吸汗，但其透气性不高，汗液不能散发，衣物黏在皮肤上，使皮肤变冷，难以保温，稍有不慎很容易感冒。所以在选购运动衣时，要避开传统误区，建议选择吸汗且透气性较好的聚丙烯材质衣物。同时还要考虑衣物的轻便性和尺码，衣物不要过于紧贴，以免血液循环不畅，如果衣物过厚，在运动时阻力会增大。

挑选完衣物，还要为自己准备一双运动鞋，运动鞋要根据运动项目进行选择，因为不同的运动对运动鞋的避震、防滑、弯折性等都有不同需求。例如跑步时，运动鞋一定要轻，减震力强，前脚掌位置要有足够的弹性；打网球时，有较多急转急停的动作，因此要求运动鞋的防滑性能要好；打篮球时，撞击与跳跃多，因此需要重视鞋的减震功能，穿高帮鞋，保护踝关节，减少崴脚的机会；打羽毛球时，要求走动灵活，应选择较轻、柔软性好的运动鞋。

除了必备的运动衣和运动鞋，还有些运动需要特殊的防护装备。比如练习瑜伽需要用到的瑜伽垫、瑜伽球；游泳时，要戴泳镜和泳帽；骑自行车时戴上头盔和防滑手套；如进行推举杠铃、哑铃等力量训练时，建议配上护腕、腰板带等，还要准备一个水杯。总之是要为我们的身体提供充足的保护，预防运动伤害。

4 运动人群

我们每天都在运动，只是运动量大小不同而已。有些人需要依靠运动让身体变得更健康，而有些人则可能因为身体原因不适合剧烈运动。

需要靠运动维持身体健康，应该是很多肥胖人群的真实写照，只是体内过多的脂肪让很多“胖友”的“运动生涯”与正常人不同，以下温馨提示还希望肥胖人群仔细阅读，争取早日获得苗条身材。

- 少做跳跃运动，如跳绳、跳远等，因为自身的身体重量会对膝盖造成较大的压力，多做跳跃运动很容易导致膝盖受伤。
- 不要长期跑步，跑步过程中，双脚每次落地时膝关节受到的压力是平时走路时的数倍，胖人长期跑步，会对膝盖造成难以挽回的损伤。
- 对于胖人来说，运动一定要循序渐进，注意强度和频率。通常，开始运动时，每天累计运动不超过30分钟，每周3次左右，待身体适应以后再增加强度，不要急于求成。

除了肥胖人群，一些工作繁忙、压力过大的上班族，或者体质较弱、容易生病的亚健康人群都应该进行适度的锻炼，帮助身体维持健康状态。当然也有一些人不适合剧烈运动，具体如下：

- 心脏病患者不适合剧烈运动，剧烈运动只会让疾病更严重，甚至会有生命危险。
- 患有呼吸系统疾病的人群，运动时人体的氧气需求会增加，尤其是剧烈运动，如果诱发疾病，氧气供给不足，很可能产生窒息。
- 脾脏不好的人群，体内循环系统也会受到影响，如果进行剧烈运动，机体不能得到充沛的动脉血，很可能会造成功能细胞的死亡。

三 不可不知的减压运动细则

知道了合理运动的诸多好处，并且为自己制订了详细计划，接下来就要学习一些减压运动的相关细则，不能盲目训练，更不能因为自己缺乏相关知识而误伤身体。下面所提及的一些运动细则，在运动过程中一定要严格遵守。

1. 规律运动，量力而行

说到锻炼，大部分人可能不知道，运动过程中会产生有毒的活性氧，人体必须采取保全措施去中和它，从而妥善调节体内内分泌的平衡。只是，随着年龄的增长，尤其是25岁以后，大脑停止发育，身体中和活性氧毒素的能力也随之下降。剧烈运动产生的有毒活性氧不能顺利中和，则对身体不利，因此运动时要有规律，量力而行。

是大脑停止发育就不能锻炼身体了吗？并不是这样，大脑虽然不再发育，但我们可以保持其年轻化，这就要依赖于脑内吗啡的分泌，只要在脑内吗啡分泌的基础上，充分中和运动带来活性氧的毒害，锻炼身体就会有效果。所以，尽量不要以剧烈运动的形式去消耗脂肪，特此提供以下几种方法作为参考：

不局限于一种运动种类

不必纠结于哪种运动方式适合自己，建议选择自己每天都可以坚持的一种运动方式，贵在坚持。

选择容易学会的运动方式

如果在尝试某项新运动时，感觉学起来比较困难，不易掌握，甚至给自己带来精神压力，要及时更换简单易学的运动。

锻炼时间5～30分钟

通常，运动5分钟的时候5-羟色胺就开始活化，20～30分钟的时候到达顶峰。如果时间过长，会导致身体疲劳，反而会造成不良结果。

程度以不疲劳但略有负担为宜

随着身体运动能力的提高，之前的运动强度小于现在的身体所需，可以小幅度逐渐加量，程度以不疲劳但略有负担为宜。

心不在焉的运动不好

为了让5-羟色胺活跃起来，在进行运动锻炼时，要集中精力，心无旁骛地练习，用心感受运动带给身体的快感。

至少坚持3个月以上

为了达到锻炼5-羟色胺神经的目的，坚持运动至少要3个月以上，才能见效。

可能在刚开始通过运动强化 5- 羟色胺训练的时候，身体会出现一些暂时的不适感，这是 5- 羟色胺增加后，其进行的自我检查回路（即电流通路）抑制 5- 羟色胺分泌的结果，属于正常现象，不用过于担心。只要继续坚持运动，尤其是起初的三个月，把运动作为生活中的一部分，每天坚持，5- 羟色胺就会发生结构上的变化。时间一长，5- 羟色胺的增加就会保持常态，身心的不适感也会随之消失，就能恢复到精神振奋的状态了。

温馨提示：进行 5- 羟色胺强化训练很容易出现疲劳感，产生精神压力，所以建议从每天运动 5 分钟开始，在特别忙或者身体不舒服的时候可以适当休息一下。

2 运动过程中，呼吸很重要

很多人在运动中会忽略了呼吸的重要性，其实有时候正是呼吸的错误增加了运动的难度，让你在运动时很快就感觉没力气了，甚至还会出现头晕、缺氧等现象。为了保证训练水平，在运动时要正确呼吸。

在日常生活中，人们常用到的呼吸方法有两种，分别是胸式呼吸和腹式呼吸。胸式呼吸，主要是胸部的扩张和收缩，膈运动较小，呼吸多集中在肺部的上、中部，下部运动较小；腹式呼吸的吸气程度较深，可使人的胸部、腹部的相关肌肉、器官得到较大幅度的运动，吸进充足的氧气，排出二氧化碳。当进行运动时，呼吸的形式、速率、深度及节奏等，必须随运动进行调整，这不仅能保证动作质量，同时还能推迟疲劳的出现。

采用口鼻呼吸法，减小呼吸道阻力

在进行锻炼时，身体的需氧量有所增加，只靠鼻呼吸已经不能满足要求，所以建议采用口鼻同用的呼吸方式，即用鼻吸气，用口呼气；活动量较大时，可同时用口鼻吸气，口鼻呼气。采用此种方式呼吸，既可以减小肺通气阻力，使肺部通气量大大增加，又能依靠口腔增加散热。需要注意的是，如果是在冬天进行锻炼，开口不要过大，以免冷空气直接刺激口腔黏膜和呼吸道而产生各种疾病。

加大呼吸深度，提高换气效率

有时运动中的呼吸频率已经变快了，但还是会有呼不出、吸不足的感觉，这是呼吸频率加快，呼吸深度下降，使肺部进行气体交换的量减少导致的。此时要有意识地控制呼吸频率，加大呼吸深度，让充足的氧气进入体内进行交换。否则，过快的呼吸频率会因为呼吸肌疲劳而造成全身性的疲劳反应，影响锻炼效果。

通常跑步运动时采用混合型呼吸方式；进行健美操、太极拳等运动时，呼吸节奏和方式要与动作的发力和节奏相协调；游泳时，多采用腹式呼吸。总之，在运动中，要掌握合理的呼吸方法。

3 建议早晨而非夜间运动

俗话说“一日之计在于晨”，自古人们就有晨练的习惯，但有些人认为，早晨的空气中混合了沉积一夜的尾气和各种颗粒物，空气质量不好，所以不应该在早晨做运动。这种观点失之偏颇。

- 远离街道的公园、广场，早晨的空气很清新，加之早锻炼利于阳气的发展疏泄，此时进行运动，是顺应身体规律和自然规律的体现，有利于振奋精神。
- 早晨空气清新，被人体吸入体内后，充足的氧气可以灵活大脑。如果此时进行锻炼，有助于内啡肽的释放，这种激素会给身心带来平和、安静的效果。
- 旭日东升，清晨的阳光倾洒下来，照耀在身上，不仅给人带来些许暖意，还可以很好地调节体内5-羟色胺的浓度。5-羟色胺含量增加，活性增强，自然能够给人带来愉悦感。
- 有研究显示，晨练可以提高中枢神经系统的机能水平，使大脑皮质的兴奋与抑制的转换能力提高，从而产生活脑的效果。

可见，早晨运动比夜间运动更具优势，不过，早晨体内的血糖水平较低，为了避免出现低血糖现象，可以在运动前吃些小点心，例如一根香蕉或者一片面包，提高血糖浓度的同时，也能为运动提供能量；运动前要先做热身运动，待身体做好准备之后，再开始晨练；不要忘记补充水分，防止出现肌肉痉挛。

4 避开不适合运动的情况

知道了运动的诸多好处，就想立刻冲进健身房跑上五千米，或者今天兴致极高，就为自己设计一次“魔鬼训练”。其实，有这种极端想法的人不在少数，但运动不是一蹴而就的，也不能盲目进行，以下情况，需要避免。

环境因素导致不适合运动的情况

- 晨雾中不宜进行运动锻炼，各类尘土、颗粒与多种废气混合凝结在空中，既影响视线，又含有很多细菌，长期在晨雾中运动容易引起多种呼吸道疾病。

雾霾天不适合运动，众所周知，雾霾天空气中的可吸入颗粒含量增多，此时进行运动，会危害身体健康。

温度高、湿气重的天气里不适合运动，室外温度高且水分含量大，盲目进行运动，会让人产生缺氧的感觉，而且水分流失大，很容易发生中暑现象。

身体原因导致不适合运动的情况

当身体感觉不舒服、生病时，就要暂停运动，否则会推迟身体痊愈的时间。而且生病时往往会心情不佳，执意训练会打消运动兴趣。

倦怠感是身体发出的休息信号，尽管运动可以振奋精神，但极度疲倦下运动，只会增加压力，适得其反。

过度训练会让身体负荷加剧，很容易出现能量不足的情况，从而产生负面情绪，所以不要让有益身心健康的运动变成“累赘”。出现此种情况时，应暂停运动。

时间不对导致不适合运动的情况

不要在睡前进行大量运动，否则很容易让体内神经处于兴奋状态，导致迟迟不能入睡，影响睡眠质量。

不要在饿肚子或者刚刚结束进餐后就开始运动，人在饥饿状态下，进行运动会虚脱甚至晕倒，而饭后立刻运动会影响消化，还可能引起腹痛。

剧烈运动之后不能再进行其他运动项目的锻炼，特别是游泳。因为运动之后全身的毛孔会张开进行散热，神经处于兴奋状态，突然下水游泳，会导致毛孔迅速闭合，造成体内外温差大，损害身体健康。

四 活脑减压运动推荐

忙碌的日常工作，让很多人都无暇顾及自己的身体，任凭压力积累，久而久之会出现各种问题与疾病。为了活脑减压，拥有健康的体魄，适当锻炼是很有必要的。特此推荐以下运动方式，仅供参考。

1 健康体操

①

双脚打开与肩同宽，双手前伸，手心向上，用腹式呼吸从鼻腔吸气。

②

身体向左扭转，尽量把腰向后扭转，手掌随之扭转，变为掌心向下，同时吐气，左右各做 2 次。

③

双脚打开与肩同宽，身体保持直立，脊背伸展，双臂紧贴双耳向上伸展，双手手指交叉，向上伸展，同时掌心向上，用鼻子吸气。

④

稳定腰部，一边用口吐气，一边以肚脐为中心水平画圆旋转。旋转 8 次，左右各 4 次。

温馨提示

之前我们说过，脑内吗啡能给人愉悦感。而且经过临床研究确认，脑内吗啡与肌肉量成正比，也就是说肌肉量越多，脑内吗啡分泌越多。因此，要想释放压力，不妨多练练上面这组健康体操。

2 步行

日常生活中有没有一种既适合各种身体状况又方便易行的运动方式，来保护好脑细胞，并阻止肌肉量减缩呢？步行就是一项不错的运动。有研究得出，步行状态下的5-羟色胺比没有步行时更活跃。

步行锻炼，不仅仅是以往正常姿态下的行走，还需要注意步态的伸展，即走起路来膝盖不能弯曲，前脚着地时，脚后跟也要随之坚实地踩下去；当另一条腿迈出时，脚尖要使劲踢地。这种步行法，脚跟部的肌肉得以抻拉，向前走时，脚尖肌肉也能得到抻拉，从而联动肌肉去刺激脑部神经。起初练习时可能不太适应，大腿上的肌肉会僵直、抵触，长期坚持下来，会强健大腿肌肉。

温馨提示

步行看似运动强度不大，却能锻炼腰、腹等多部位肌肉群。需要注意的是，步行要在放松的心情下进行，通常每次20～30分钟，速度要比平时稍快一些，步幅也要大一些。锻炼时间可以选择在空气清新的早晨或者晚饭1小时后。

3 跑步

跑步，是一项能够锻炼全身肌肉的运动，尤其能增强腿部力量。适度跑步还可以活脑减压，对调节身心十分有益。

为了避免损伤身体，要为自己准备一双舒适的跑鞋；跑步前先做热身运动；跑步时上肢放松，下肢有弹性，身体自然前倾，不宜跨步太远，以免跟腱受力过大而损伤；每次时间以20分钟左右为宜，距离以3～4千米较好，如果是初级锻炼者，可以先从每次跑10分钟开始，逐渐增加强度。如果感觉疲劳，就适时停止，因为疲劳感来自随运动增多的乳酸，乳酸过多就会影响5-羟色胺的活性，会起到反作用。

温馨提示

与一群朋友一起跑步，很容易影响自己的节奏而不能起到良好的锻炼效果，建议一个人有规律地跑步。如果天气较好，可以在户外进行锻炼，如果条件不允许，可以借助室内的跑步机。

4 瑜伽

瑜伽是进行身心调整的运动之一，正确科学的瑜伽体式练习可以帮助人体达到心理和生理上的安定，从而帮助释放压力。有些人认为练习瑜伽需要很好的身体柔软性，其实只要将动作、呼吸和意识集中结合起来，就会有不错的练习效果。

瑜伽坐姿

金刚坐：双膝并拢跪地，臀部坐在双脚脚后跟上。放松肩部，收紧下巴，挺直腰背。双手平放在大腿上或自然垂于体侧。

半莲花坐：取坐姿，双腿并拢且伸直。弯曲左腿，将左脚放于右大腿下。弯曲右腿，把右脚放在左大腿上。腰背挺直，双肩放松，双手放在膝盖上，拇指和食指相扣，其余手指自然放松。

温馨提示

瑜伽坐姿的练习，可以帮助压力过大人群放松身体、稳定情绪，起到缓解压力、镇定安神的作用；还能帮助矫正日常生活中的不良坐姿，改善体形。

腹式呼吸法：盘腿坐好，挺直腰背，将右手轻轻搭放在腹部。吸气，用鼻子把空气缓慢深长地吸入肺的底部。随着吸气量的加大，胸部和腹部之间的膈向下沉，腹内脏器官下移，小腹会像气球一样慢慢鼓起。然后呼气，腹部向内朝脊椎方向收紧，膈自然而然地升起，把肺内的浊气完全排出体外，内脏器官回复原位。

完全式呼吸法：盘腿坐好，挺直腰背，将左手搭放在肋骨上，右手搭放在腹部。缓缓吸气，首先把空气吸入到肺的底部，使腹部隆起；继续吸气，将气体慢慢填满胸腔。然后放松腹部，尽量把气吐尽，再有意识地使腹肌向内收紧，并温和地收缩肺部。

温馨提示

深长的呼吸不仅能够为身体带来充足的氧气，还是自我调节的一项运动。平复心绪，清空思维，一吸一呼之间既放松了身体，也能将积聚已久的疲劳、压力排解出去，让您获得一份来自内心的“幸福礼物”。

猫式

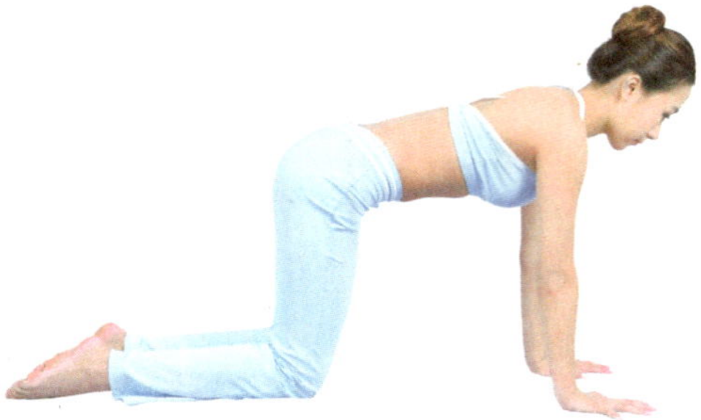

①

四肢撑地跪立在瑜伽垫上，双脚分开与肩同宽，大腿垂直于地面，两臂与肩同宽，垂直于地面，脚背绷直贴于地面，手指张开撑在地面上，背部保持与地面平直。

②

吸气，背部慢慢向下沉，臀部自然向上翘起，胸部向上提升，头部随着脊柱的弯曲慢慢抬起，双眼尽量向上看。

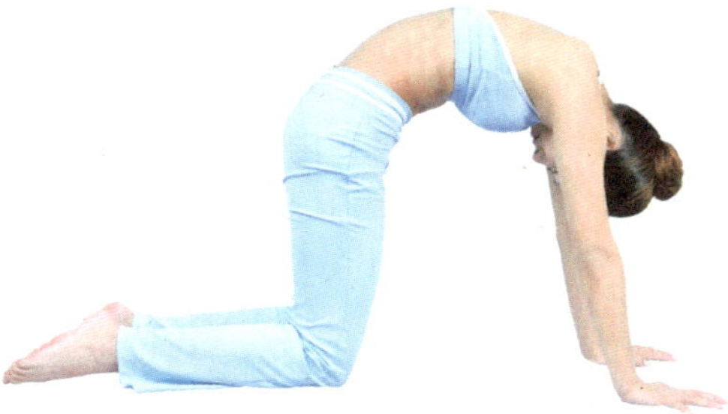

③

呼气，慢慢收回背部并向上拱起，腹部收紧，脊柱形成一个拱形，头部随着呼气和背部的拱起慢慢向下，眼睛看向大腿处。重复5~10次后，休息放松，身体还原至初始姿势。

温馨提示

猫式练习可以缓解背部肌肉、骨骼的僵硬感，使身体舒展、气息顺畅，给人神清气爽的感觉，心绪得到安定，压力也会在无形之中得到排解。需要注意的是，在练习过程中，动作应尽量缓慢，注意感受腰背的伸展和收缩。

下犬式

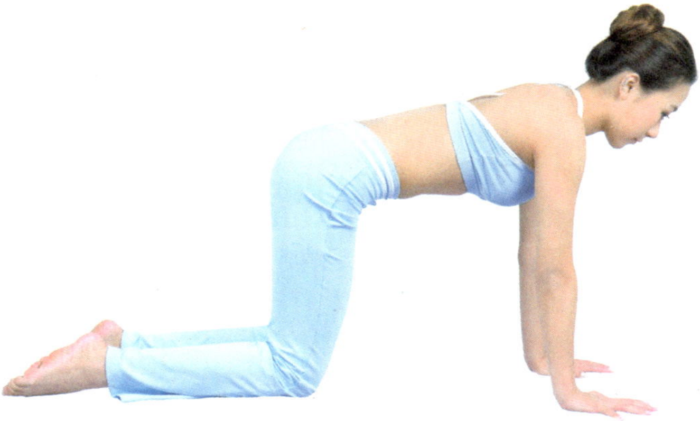

①

双腿并拢跪立在瑜伽垫上，身体前倾使双手撑地，手指张开伸直指向前方，大腿与小腿垂直，脚背贴地。

②

腿部发力，脚掌撑地，手臂伸直向后推，臀部上顶，头部朝着脚的方向移动，注意头不要碰地。腿部绷直，膝盖不要弯曲，脚后跟下压，双脚微微分开，脚趾朝向前方。保持这个体式，深长地呼吸，然后还原至初始姿势。

温馨提示

下犬式可以伸展手臂、肩背以及腿部等多个部位，勤加练习可以改善腰部柔软性，强健手臂、腿部，缓解身体腰酸背痛。此外，用力伸展小腿，可以促使血液流至全身，具有安定情绪的作用。

5 登山

有数据表明，登山时大脑内的5-羟色胺量也会发生变化，登山后较登山前，血液中5-羟色胺会有所提升。5-羟色胺量提升，可减轻精神压力，使正能量得到充分展示，这也是为什么登上山顶后，人们都会表现出生机勃勃的样子的原因。

登山是项非常不错的有氧运动，既能促进新陈代谢，加速血液循环，又能提高人体耐力，增强腿部功能，强大心肺功能。虽说真正的登山都以登上山顶为目标，但我们的登山并不是比赛，而是要将自己置身于大自然中，尽情呼吸，痛快流汗，把压力和疲劳通通丢掉，盲目锻炼反而会本末倒置，甚至会损伤身体。所以，如果没有特殊情况，登山的高度应该适可而止，让自己轻松运动，快乐登山。

温馨提示

出发前，要关注天气预报，并做好充足的登山准备，如果有必要的话，可以为自己选择好相应的登山工具。最好有人一起同行，不要盲目行走，以免迷失方向，注意脚下。

6 骑车

现在的上班族大部分都在办公室里过着朝九晚五的生活，看似规律，但繁重的工作压力，常常会让人感觉紧张。要想改善此种情况，不妨将乘车上下班改为骑自行车出行，无形之中增加的运动量，可以促进体内内啡肽、皮质醇等激素的产生，缓解压力的同时，还能愉悦心情。

与登山一样，骑自行车也属于有氧运动，且经过一定负荷与强度的训练后，体内就会分泌脑内啡肽和儿茶酚胺，这两种物质可以增强身体面对压力的能力，加强主观心理的良好感觉。需要注意的是，刚开始进行骑行锻炼时，应从较轻的负荷开始，每分钟蹬60~70次为宜，并且要有意识地配合有节奏的呼吸，待身体习惯后，再慢慢增加负荷。

温馨提示

车座高度不合适就会出现膝盖疼痛，且多数时候，膝盖的损伤不可恢复，所以骑行前就要调试好车座高度。合适的车座高度要在脚蹬最低点时，腿不费劲地伸直，膝盖可以不用弯曲。

游泳

有研究发现，人们在游泳时一种名为“海马神经”的物质会发挥作用，大脑内因压力而死亡的脑细胞被更换，所以游泳有利于舒缓压力，提升精神状态。

进入水中的那一刻，清凉的池水会让你振奋，疲劳和沮丧会随之消失；完全沉浸在水中的时候，外界的声音会被隔断，在水压的帮助下，腹式呼吸会更容易；在游泳的过程中，既能锻炼心肺功能，减脂增肌，还能帮助人体释放内啡肽，提高5-羟色胺的活性，有益身心健康。由于游泳对换气有很严格的标准，所以推荐蛙泳练习，将头较长时间地露出水面，方便换气，如果不会游泳，可以采取在水中行走的方法，由于水有抵抗力，会增加身体负荷，可以先从短距离水中行走开始，逐渐延长行走距离。

温馨提示

游泳虽然具有诸多好处，但泳池中的水也会带来一些细菌、病菌，所以每次游泳结束后，务必做好清洁工作。为了避免细菌进入口腔或残留在皮肤上，泳后刷牙、洗澡必不可少，同时还要注意头发的护理。

8 跳舞

身体的肌肉，特别是腹肌、背肌、骨关节被人们称为人体的“躯干”部分，相较于四肢，躯干部分在日常生活中得到的运动并不多。因此，要有意识地多锻炼这些部位，给予5-羟色胺神经有效的刺激。

舞蹈属于全身性运动，可以很好地活动躯干，且适合各个年龄段人群。人们在跳舞时，不要过于追求动作技巧，要将注意力放在身体舞动、情绪表达与互动上，达到身心整合，调节心理的功效。通过身体自然的动作和反应，分散注意力，从而缓解心理压力。此外，一边听着悦耳的音乐一边跳舞，再配合腹式呼吸，不仅可以提升大脑中5-羟色胺的浓度，还能增强其活性，这也是跳舞能给人带来愉悦心情的原因。

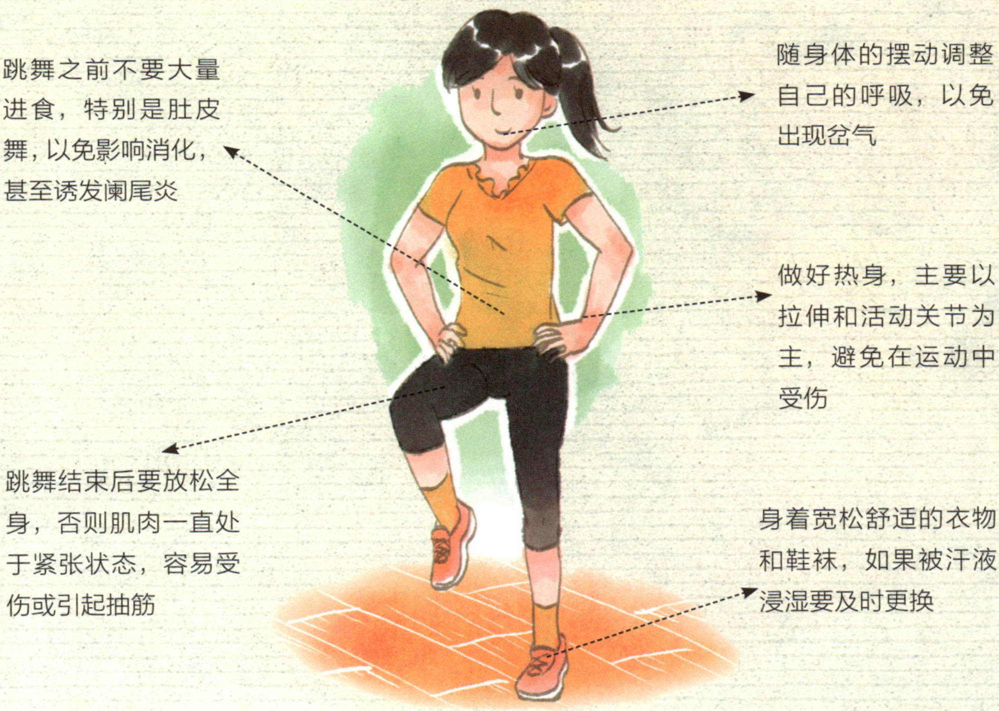

温馨提示

跳完舞后身上往往汗流浃背，觉得很热，就会忽视保暖工作，长此以往，肩部、背部、腰部、腹部都会着凉，尤其是女性更容易生病。因此，跳完舞之后要注意保暖，不要贪凉。

Part 4

科学饮食，维持脑部能量

科学饮食可以维持脑部的能量，保证大脑的压力调节机能正常运行。蛋白质、维生素等营养素是维持大脑健康的关键营养素，要想增强大脑压力调节机能，就要多食用含这些营养素的减压食材，同时还要关注饮食细则。

一 有益大脑的关键营养素

饮食营养与人体健康息息相关。吃对食物、补对营养素，不仅有助于维持身体的健康状态，还能保护大脑细胞，延缓脑细胞的衰老，并为大脑补充能量，给大脑减压，让我们的大脑精力充沛。

1 蛋白质：延缓脑部衰老

蛋白质是脑细胞的重要组成成分，它在脑细胞中的重量仅次于脂质（脑细胞中脂质含量最多，约占脑干重的60%），约占脑干重的35%（干重是指组织失去水分后的重量）。蛋白质，尤其是优质蛋白，对大脑功能有强化作用，可以增强人的记忆力，提高学习效率，延缓脑细胞衰老。

青少年缺乏蛋白质，就会出现生长发育迟缓、消瘦、肌肉萎缩、体重下降、贫血、学习效率下降等现象，久而久之，就会导致免疫力下降，大脑功能也会逐渐减退。成年人长期缺乏蛋白质也会导致营养不良、免疫力下降、脑部功能衰退等不良后果。

人体每天都需要一定量的蛋白质，以满足正常的生理需要。蛋白质的需要量，因健康状态、年龄、体重等因素而有所不同。一般来说，身材越高大或年龄越小的人需要的蛋白质越多。

不同年龄的人所需蛋白质的指数						
年龄	1～3岁	4～6岁	7～10岁	11～14岁	15～18岁	19岁以上
指数	1.80	1.49	1.21	0.99	0.88	0.79

具体计算时，应先找出自己所处年龄段的指数，然后测出自己的体重（千克），再根据公式——体重（千克）×指数=每日所需蛋白质的重量（克），进行计算，所得结果就是一天所需要的蛋白质的重量。例如，一个人的体重是50千克，年龄是30岁，那么其所需蛋白质可按算式50×0.79计算，也就是39.5克。当然，一些特殊人群需要的蛋白质量会增加，比如孕妇和哺乳期的妇女、工作压力大的都市白领、生长发育期的青少年以及术后康复者等。

蛋白质有动物蛋白和植物蛋白之分，平时可两者搭配摄取，以提高蛋白质的营养价值。动物蛋白质主要来源于乳制品、蛋类、鱼类、畜禽肉类；植物蛋白质主要是大豆蛋白，来源于黄豆、黑豆、豌豆、豆腐等；另外，芝麻、核桃、杏仁等干果中的蛋白质含量也较高。平时用脑较多的人群，饮食中动物蛋白与植物蛋白的比例可以是1：1，而在动物蛋白中，鱼与肉的比例也应保持1：1，并且应注意多摄取优质蛋白质，如蛋类、奶类、鱼类、豆类等。

2 色氨酸：减轻大脑压力

我们知道，5-羟色胺是一种特殊而神秘的物质，它有助于调节紧张情绪，缓解大脑压力，能让我们的大脑感到“平静”和“满足”，让我们感觉愉快。当体内的5-羟色胺水平高时，我们感觉很好；如果水平下降，我们会感觉沮丧。

提高5-羟色胺水平的一个方法就是吃富含色氨酸的食品。色氨酸是人体必需氨基酸的一种，色氨酸经色氨酸羟化酶催化，可生成5-羟色氨酸，再经5-羟色氨酸脱酸酶催化生成5-羟色胺，从而减轻大脑压力。

色氨酸在人体内难以合成，必须从食物中摄取。很多蛋白质食品中都含有丰富的色氨酸，包括：豆制品，如豆腐、千张、豆腐干等；奶制品，如牛奶、酸奶、奶酪等；蛋类，如鸡蛋、鹅蛋、鸭蛋、鹌鹑蛋等；鱼类，包括各种河鱼和海鱼；禽类，如鸡、鸭、鸽等；另外，芝麻、榛子、花生、梨、香蕉等食材中也含有较丰富的色氨酸。除了富含色氨酸的食品外，吃富含糖类的食品也有助于促使色氨酸转化为5-羟色胺，如全麦面包、糙米、燕麦等。

3 糖类：保护大脑神经系统

很多人可能都有过这样的经历：当感觉身、心、脑俱疲时，吃点儿甜食，可以让人头脑清醒，心情愉快，身体也变得更有劲儿。这多是“糖”在起作用。

葡萄糖是大脑供能的“主力军”，是维持大脑正常功能的必需营养素。由于脑细胞代谢很活跃，因此需要不断地从血液中得到氧和葡萄糖的供应。用脑时间越多，葡萄糖的消耗越快。当人体血液中的葡萄糖浓度下降时，脑组织就会因为缺乏能量的供应而导致脑细胞功能受损，使人出现头晕、心悸、出冷汗，甚至昏迷。

葡萄糖是淀粉等物质经过分解和吸收之后在人体内形成的最终形态，因此，在日常膳食中保证充足的糖类的摄取非常重要。我们平时所吃的米饭、面食、面包等主食是糖类的重要来源。另外，红薯、土豆等根茎蔬菜，以及西瓜、香蕉、葡萄、甘蔗等水果也含有丰富的糖类。

但是，糖也不是越多越好。虽说大脑喜欢“吃糖”，但高糖也会影响大脑功能。有研究报告指出，长期大量摄入糖分不仅有损身体健康，还会导致学习能力和记忆力下降。因此，要使大脑保持良好的工作状态，血糖太高和太低都不好，这就需要我们对食物的含糖量有一个充分的认识。

对此，医学上提出了“升糖指数（GI）”的概念。升糖指数是反映食物能引起血糖升高程度的指标。一般在日常膳食中建议多吃低GI食物，如菠菜、海带、黄豆、鸡蛋、牛奶等；少吃高GI食物，如白米饭、馒头、蜂蜜、白糖等。除此之外，讲究食物搭配技巧可以帮助降低食物的整体升糖指数。比如，将高GI食物和低GI食物混搭食用（煮白米饭时加一点大麦），或将高GI食物和高蛋白食物混搭食用（煮白米粥时加入一些杂豆类）等。

4 必需脂肪酸：“脑黄金”

必需脂肪酸（EPA）是指人体维持机体正常代谢不可缺少而自身又不能合成，或合成速度很慢，无法满足机体需要，必须通过食物供给的多不饱和脂肪酸。人体内有两类必需脂肪酸：一类是亚油酸族，也就是Ω-6系列脂肪酸；另一类是α-亚麻酸族，也就是Ω－3系列脂肪酸，它们都是人体的“脑黄金”。

这两类脂肪酸对维持大脑和神经系统的功能起着重要作用，人体内对大脑有益的DHA、EPA、ARA等营养物质都由必需脂肪酸衍生而来。许多脑部疾病与必需脂肪酸的缺乏有关，如精神分裂症、抑郁症、狂躁症、儿童多动症等。实验证明，足够的“脑黄金”能激发脑细胞活力，达到消除脑疲劳、增强记忆效果、改善睡眠、缓解头痛头晕、延缓大脑衰老的作用。

日常饮食中，可适当增加亚麻籽油、南瓜子、向日葵籽、芝麻、玉米及金枪鱼、三文鱼、鲱鱼、沙丁鱼等海鱼的摄取量。

5 卵磷脂：消除大脑疲劳

卵磷脂被誉为与蛋白质、维生素并列的“第三营养素”。它是人体内含量最高的磷脂，是构成大脑和脊髓的主要成分之一。其中的主要成分磷脂酰胆碱可以转化为体内神经传递物质乙酰胆碱。乙酰胆碱是中枢神经间传递信息的重要物质，它使大脑具有灵敏的反应性和联想性，是大脑思维、记忆及其他智能活动所必需的物质。有研究证明，如果大脑中含有充足的卵磷脂，其传递信息的准确性就更高，即记忆力比较强。同时，卵磷脂对提升大脑活力，消除大脑疲劳也有一定的帮助。

卵磷脂多存在于蛋黄、鱼头、鳗鱼、豆类、动物肝脏、蘑菇、黑木耳、芝麻、瓜子、玉米油等食物中，其中蛋黄、黄豆和动物肝脏的卵磷脂含量尤其高，日常膳食中应适当增加这类食物的摄取量。

6 维生素B_6：活化大脑快乐细胞

维生素B_6是构成氨酶和氨基酸脱羧酶的辅酶成分，是中枢神经系统活动必不可少的一种重要物质。酪氨酸合成多巴胺和去甲肾上腺素，色氨酸合成5-羟色胺，这些过程都需要维生素B_6。多巴胺、去甲肾上腺素和5-羟色胺，都与大脑快乐的情绪和认知活动有密切关系。若长期缺乏维生素B_6，可导致脑功能不可逆的损伤，如智力发育迟缓、学习障碍、注意力不集中、情绪低落等。

维生素B_6广泛存在于食物中，且人体需要量较少，故一般不常发生维生素B_6缺乏症。但在怀孕期间、处于高温环境下、处于电离辐射中、服用特定药物时，有可能会发生维生素B_6缺乏症，故在此时要注意在饮食中摄取维生素B_6。畜禽瘦肉、鱼肉、动物肝脏、蛋黄、豆类、糙米、香蕉、绿叶蔬菜等食材中含维生素B_6较为丰富，可适当增加摄取量。

7 维生素B_{12}：保护脑神经细胞

维生素B_{12}在体内可以转化成人体代谢中具有辅酶活性的重要物质，参与红细胞的形成以及蛋白质、糖和脂肪的代谢，参与神经细胞的正常发育，对维护神经组织的正常功能起着重要作用。维生素B_{12}也是DNA合成过程中不可缺少的辅酶，可帮助大脑保持长期的记忆力。如果膳食中缺乏维生素B_{12}，将导致脑部损伤，表现为走路困难、口吃、神情呆滞、记忆障碍等。

维生素B_{12}通常只存在于动物性食物中，以动物肝脏、动物肉为主，如牛肉、猪肉、鸡肉、鱼肉等，乳制品中亦含有少量维生素B_{12}，如牛奶、奶酪。一般人通过合理的饮食即可补充足够的维生素B_{12}。但素食主义者、肉类缺乏的孕妇、消化吸收不良的人和因年龄而导致消化吸收功能下降的老年人，需要注意补充维生素B_{12}。

8 维生素C：使大脑更平静、放松

维生素C参与人体内重要的生理氧化还原过程，是机体新陈代谢不可缺少的物质；维生素C有抗氧化作用，能帮助清除自由基，预防大脑衰老；维生素C对铅、苯等有毒物质有解毒作用，能避免有毒物质对大脑神经细胞的损害；维生素C有助于去甲肾上腺素的合成，使大脑保持注意力集中，不容易疲劳，所以压力大时应多补充维生素C；维生素C有助于5-羟色胺的合成，使大脑更易感到满足、平静、放松和快乐，故情绪低落时也应补充维生素C。

可以说维生素C对保持正常的大脑功能，缓解大脑压力起着重要作用。日常饮食中应多摄取含维生素C丰富的食物。很多新鲜的蔬菜和水果中都含有丰富的维生素C，尤其是深色蔬果，如樱桃、草莓、橘子、猕猴桃、彩椒、西蓝花、芥蓝等。

9 维生素E：延缓大脑衰老、抗脑疲劳

维生素 E 具有很强的抗氧化作用，能帮助清除自由基，有效抑制大脑中必需脂肪酸被氧化破坏，延缓大脑衰老，保持大脑健康旺盛的工作活力。临床研究发现，每次口服复方维生素 E2 粒，每天 2 次，1 ～ 3 个月后，对由于衰老或早衰而引起的脑神经衰弱具有显著的临床效果，能有效消除脑疲劳、眩晕，改善睡眠质量，提高记忆力，并增加脑血流量。

不过，维生素E也不能过量摄取，否则对健康无益，临床摄取量需咨询医师的建议。日常膳食中，建议多吃富含维生素E的食物，包括新鲜蔬果、坚果、瘦肉类、奶类、蛋类、压榨植物油等。新鲜蔬果主要包括猕猴桃、菠菜、卷心菜、紫甘蓝、山药等；压榨植物油多见于葵花籽油、芝麻油、玉米油、橄榄油、花生油、大豆油、小麦胚芽油、鱼肝油等。

10 铁：保证大脑供氧、供血充足

铁是人体必需的微量元素，是构成血红蛋白的必要成分，与造血功能有关，参与体内氧和二氧化碳的转运、交换和组织呼吸过程，与脑组织供血和供氧有关，因此，缺铁会影响脑功能。铁是构成单胺氧化酶、酪氨酸羟化酶的活性成分。酪氨酸羟化酶与多巴胺及去甲肾上腺素这两种神经递质的合成有关，此两种神经递质又与大脑认知功能关系密切。缺铁会表现为烦躁、呆滞、注意力难以集中等。

常见食物中，动物肝脏、动物血、牛肉、羊肉、蛤蜊、牡蛎、瘦肉、黑木耳、鸡蛋黄、菠菜、樱桃等食物含铁丰富，可选择性食用。

11 钙：促使大脑情绪稳定

钙是大脑神经细胞传递的使者，大脑的许多认知活动，如学习、记忆都和钙在细胞内外的进出有关。钙可以防止大脑细胞过度兴奋对自身的毒性作用，从而使大脑情绪稳定，注意力集中，保持高效工作。相反，如果人缺钙，会情绪不稳定，注意力不集中，大脑容易疲劳，工作效率下降。

水产品中，虾皮、海带等食品的含钙量较高，可适量食用。干果、豆类及豆制品、奶类及奶制品、鱼类等食物中的含钙量也不低，都是钙的良好来源。另外，我们常吃的很多蔬菜中也含有较多的钙，可多食用，如西蓝花、白菜、上海青等。

12 镁：大脑情绪“润滑油”

镁是生物体正常生命活动及新陈代谢过程中必不可少的一种营养元素。镁能参与能量代谢、蛋白质和核酸的合成，它在大脑中还有镇静的作用。缺乏镁，人容易感觉焦虑不安、易激动、手足抽搐等。

整粒的种子、未经碾磨的谷物、绿叶蔬菜、豆类和坚果类是镁的丰富来源；鱼、肉、奶和水果中镁含量较低；经过加工的食物，在加工过程中镁也几乎全部损失了。

二 大脑减压食材大本营

无论是工作还是学习，我们无时无刻不在用大脑，这使得大脑堆积了太多的压力。常吃补脑健脑食品，是直接且有效的大脑减压法。在此推荐大脑减压明星食材，大家可根据自身实际情况，或参考医生的建议，合理选择。

小米

■ 性味归经

性凉，味甘、咸，归脾、胃、肾经。

■ 食疗功效

小米中含有丰富的维生素B_1和维生素B_2，对维持神经系统功能有益；其蛋白质中含有较多的色氨酸和蛋氨酸，色氨酸可以提高5-羟色胺的水平，减轻大脑压力，增强大脑活力。

燕麦

■ 性味归经

性平，味甘，归脾、肝经。

■ 食疗功效

燕麦在营养学界被称为“大脑的粮食”。燕麦中含有的糖类可以为大脑提供能量；其含有的β-聚葡萄糖和黄酮类化合物可以有效抗衰老；燕麦中还含有维生素B_6，对改善情绪、缓解大脑压力有帮助。

糙米

■ 性味归经

性温，味甘，归脾、胃经。

■ 食疗功效

糙米中富含B族维生素、纤维素等，对于保持大脑认知能力至关重要，具有解毒、健体、消除疲劳、提高记忆力、改善情绪等功效，是一种营养价值颇高的健脑粮。

黄豆

■ 性味归经

性平，味甘，归脾、大肠经。

■ 食疗功效

黄豆富含大豆卵磷脂，它是大脑的重要组成成分之一，有助于预防老年痴呆症；其含有的蛋白质，可以增加大脑皮质的兴奋和抑制功能，提高学习和工作效率，还有助于缓解沮丧、抑郁的情绪。

玉米

■ 性味归经

性平，味甘、淡，归脾、胃经。

■ 食疗功效

玉米胚中富含亚油酸等多种不饱和脂肪酸，有保护脑血管和降血脂作用；其含有的谷氨酸，能帮助促进脑细胞代谢。常吃玉米能有效刺激大脑细胞，增强大脑活力和记忆力。

梨

■ 性味归经

性凉，味甘、酸，归肺、胃经。

■ 食疗功效

梨中含有充足的水分，且富含多种维生素和矿物质，能维持细胞组织的健康状态，帮助器官排毒、净化。适当吃梨可以使人感到精力十足、心情愉快。

香蕉

■ 性味归经

性寒，味甘，归脾、胃、大肠经。

■ 食疗功效

香蕉中富含色氨酸，维生素B_6及糖分含量也较高，这些营养素对增加5-羟色胺活性有帮助，可起到增强大脑活性、减轻大脑压力的作用。

苹果

■ 性味归经

性平，味甘、微酸，归脾、肺经。

■ 食疗功效

苹果中含有丰富的糖类、维生素和矿物质等大脑必需的营养素，常吃苹果，不仅可以起到生津止渴、润肺除烦、健脾养胃等功效，还有增强记忆力的效果。

蓝莓

■ 性味归经

性平，味甘、酸，归心、大肠经。

■ 食疗功效

蓝莓中含有花青素等抗氧化物质，可以有效减缓大脑功能衰退的速度，降低认知障碍的风险；其还含有类黄酮，可以疏通血管，改善脑部血液循环，起到补脑、减压等功效。

鸡肉

■ 性味归经

性温，味甘，归脾、胃、肝经。

■ 食疗功效

鸡肉含有的蛋白质中酪氨酸的含量高，此氨基酸对合成多巴胺、去甲肾上腺素等有帮助。大脑制造了这些物质后，思考和反应速度会更快，变得更有活力、注意力更集中。

三文鱼

■ 性味归经

性温，味甘，归胃经。

■ 食疗功效

三文鱼中含有人体必需脂肪酸，DHA、EPA的含量尤其丰富，它们都是人体脑部、视网膜及神经系统必不可少的物质，有增强和修复大脑功能、预防视力减退等功效。

豆腐

■ 性味归经

性凉，味甘，归脾、胃、大肠经。

■ 食疗功效

豆腐中含有丰富的大豆蛋白，能为大脑补充足量的蛋白质，可提高免疫力，延缓大脑衰老；而且豆腐的热量极低，食之不会导致肥胖，还能帮助清洁肠胃，促进身体排毒。

鸡蛋

■ 性味归经

性平，味甘，归脾、胃、肺经。

■ 食疗功效

鸡蛋富含优质蛋白质、维生素 B_{12}、卵磷脂和胆碱，这些营养素对保护大脑细胞、提升大脑活力、消除大脑疲劳等有帮助。如果每天吃 1 ～ 2 个鸡蛋，对大脑是很有好处的。

牛奶

■ 性味归经

性平，味甘，归肝、心、胃经。

■ 食疗功效

牛奶是一种近乎完美的营养品，它富含蛋白质及大脑必需的氨基酸，可以保护脑细胞；含有的钙易被人体吸收，是脑代谢不可缺少的物质。用脑过度而失眠时，喝一杯热牛奶有助入睡。

酸奶

■ 性味归经

性平，味甘、酸，归心、肺、胃经。

■ 食疗功效

酸奶中的维生素和矿物质可以帮助缓解压力，为身体和大脑补充能量；其含有的益生菌不仅对肠胃好，还有助于控制焦虑情绪，使大脑在情感和记忆处理上都表现出更强的能力。

杏仁

■ 性味归经

性微温，味苦，归肺、大肠经。

■ 食疗功效

杏仁中含有的维生素E可有效延缓大脑衰老，其还含有丰富的不饱和脂肪酸，可增强大脑功能。除此之外，杏仁还有止咳、平喘、润肠通便等功效，常食有助于缓解焦虑和抑郁情绪。

黑芝麻

■ 性味归经

性平，味甘，归肝、肾、大肠经。

■ 食疗功效

黑芝麻中含有大量的脂肪和蛋白质。其含有的脂肪酸多为不饱和脂肪酸，可起到增强大脑功能、缓解大脑疲劳的功效；芝麻蛋白是完全蛋白，是一种理想的植物蛋白食源，可为大脑补充营养。

核桃

■ 性味归经

性温，味甘，归肺、肾、大肠经。

■ 食疗功效

核桃富含不饱和脂肪酸、蛋白质、磷脂、钙、磷、锌、镁及多种维生素，是公认的健脑益智食品。每日食用2～3颗核桃，坚持下来，可起到补充营养、增强记忆力、消除脑疲劳等作用。

生姜

■ 性味归经

性微温，味辛，归脾、肺经。

■ 食疗功效

生姜中含有姜辣素和挥发油，能够使人体内血液得到稀释，血液流动更加畅通，从而向大脑提供更多的营养物质和氧气，有助于使大脑感到轻松，并起到提神醒脑、降温排汗等功效。

三 给大脑减压的饮食细则

想要大脑年轻、精力充沛、情绪愉悦，保持健康的饮食习惯非常重要。日常生活中要多吃对大脑健康有益的食物，多吃新鲜的食物和抗氧化食物，并注意适当控制饮食，拒绝对大脑不利的饮食习惯，让我们的大脑“轻装上阵”，远离压力。

1. 优化饮食结构，均衡摄入营养

想要大脑拥有充足、合理的营养，均衡饮食很重要。大脑需要营养，但又不能过剩。所以，在日常饮食中，我们要在“节制”饮食的基础上，补充“合适”的营养。所谓“节制”，就是要适当控制热量的摄入，别暴饮暴食、过度饱食，不让体内热量过剩，这样对维持身体健康和保持大脑年轻态非常重要。而“合适”的营养，就是说要均衡营养素，尤其是三大产热营养素。

研究证实，当脂肪摄取量占人体总热能的30%、蛋白质占15%、糖类占55%左右时，人体就会达到一个良好的平衡状态。单就脂肪而言，应尽量做到饱和脂肪酸、多不饱和脂肪酸和单不饱和脂肪酸的比例保持在1:1:1。

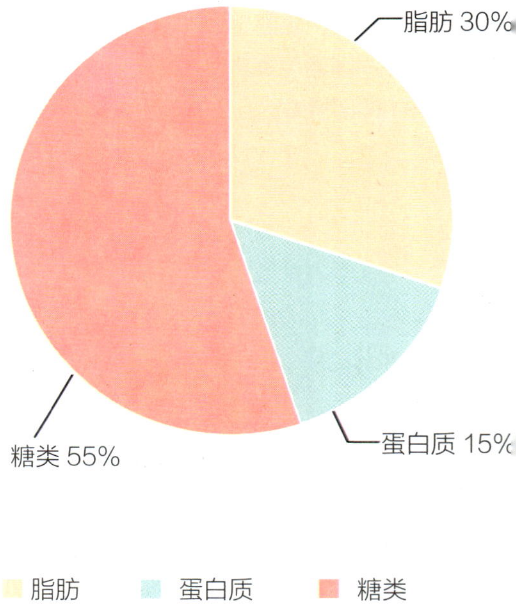

不过，日常生活中很难做到如此细化操作，一般来说只要你做到了多样化饮食，不偏食、不挑食，就不会特别缺乏某类营养素。具体而言，应做到以谷类为主，佐以鱼类、蛋类、豆类、薯类、菌类以及各种蔬菜、水果等。虽然各种畜禽肉类也含有蛋白质和其他多种营养素，但质量不如鱼类、蛋类等的高，而且肉类含脂肪量高，因此不适合过于频繁出现在餐桌上。

当然，绝对素食也是不倡导的。绝对素食者很容易造成体内缺乏铁、钙、锌、B族维生素、蛋白质、必需脂肪酸等营养素，而这些营养素对大脑和神经系统有保护作用，缺乏会增加患病风险。

2 多摄取高蛋白、低热量的食物

我们已经知道蛋白质对大脑健康的重要作用，为了使大脑能够精力充沛地工作，我们每天都需要补充优质的蛋白质。但必须谨记，补充的蛋白质应该是低热量的食源。

为什么这么说呢？我们都知道，脂肪会产生高热量，过多的热量不仅会引起肥胖，而且容易引起血管堵塞，对大脑和身体健康均不利，因此在日常饮食中提倡减少脂肪的摄入量。但蛋白质往往与脂肪是分不开的，很多高蛋白食物往往也是高脂肪食物，过量摄取就会导致体内热量过剩。比如，肉类中含有丰富的蛋白质，但同时也含有较多的脂肪，如果进食过多，反而对身体不利。而且，肉类中的蛋白质为动物性蛋白质，其合成的色氨酸很难在大脑中起作用，甚至会妨碍5-羟色胺的合成，因此要控制进食。

同时需要注意的是，人体内的三大产热营养素之间是可以转化的——无论是蛋白质还是糖类，剩余的营养都会转化成脂肪，增加体内脂肪的含量。因此，想要维持大脑的活力，不仅仅是少吃高脂肪食物，蛋白质食物也要有技巧地吃，要尽量选择高蛋白、低热量的食物。

这里推荐几类高蛋白、低脂肪、低热量的食品，对补充大脑营养很有帮助。

食物	蛋白质（克）	脂肪（克）	糖类（克）	热量（千焦）
脱脂牛奶	3	0	4.8	138
鸡蛋	13.3	8.8	2.8	603
豆腐	8.1	3.7	4.2	339
大白菜	1.5	0.1	3.2	71
鸡胸肉	19.4	5	2.5	557
青鱼	20.1	4.2	0	494

（注：表格中为每100克食品中所含有的成分的量。）

除了饮食之外，防止体内热量过剩的另一个方法就是运动。不妨在进餐完成30分钟后进行适当的活动，如轻缓地活动身体，或者散散步，都能达到较好的效果。

3 延缓脑衰老，饮食力求新鲜

氧气是人类赖以生存的重要能源，也是大脑保持充沛精力不可缺少的物质。然而，另一方面，氧气又以活性氧的形式存在，使我们容易生病、衰老。

新鲜的食品放在空气中，随着时间的推移，会慢慢变质、腐烂，这就是食物的氧化现象。人体摄入氧化后的食物，体内将被氧化物包围，这就犹如包围着铁锈的外层，继续促进自身的氧化。

为了维护健康，不新鲜的食品最好不要吃。新鲜的蔬菜和水果，一定要尽量现摘现吃，购买时也要尽量买新鲜的，因为任何食品就算是妥善保存，也会有一定程度的氧化。食品建议现做现吃，少吃或不吃隔夜食物。另外，少吃外面包装好了售卖的食品，如寿司、三明治等。加工食品，尤其是油加工食品更要多加注意。食品加工油几乎都是植物油，植物油的脂肪酸多为不饱和脂肪酸，分子结构极不稳定，容易和同样不稳定的活性氧相结合，从而形成过氧化脂质，成为衰老和疾病的源头。

4 坚持抗氧化饮食，让大脑年轻化

除了要少吃不新鲜的食物外，日常饮食中还要注意多吃抗氧化食物。抗氧化食物能够中和体内有害的活性氧，增加机体抗氧化能力，并抑制氧化物的生成，对大脑尤其有益。

在众多营养素中，维生素E、维生素C、β-胡萝卜素是公认的三大抗氧化物质，具有较强的抗氧化作用。这些营养元素常见于颜色鲜艳的水果和蔬菜中，饮食中要注意适当增加摄取量。而且，蔬菜和水果中还含有一些自然的植物化学成分，如黄酮类物质、吲哚类物质、番茄红素等，也具有对抗氧化物的作用。一些豆类、全麦食品、坚果、鱼类中也不断被发现含有抗氧化物质。另外，要重视富含铁、锌、硒等矿物元素食品的摄入，获取这些营养元素对对抗体内的活性氧也大有益处。

5 饮食排毒，为大脑减负

生活环境的污染、食物农药残留、食品加工过程中的有害物质等都会产生毒素，进入人的体内。外毒不排，损害大脑健康。人体新陈代谢过程中会产生自由基、低密度脂蛋白、胆固醇、尿酸等，这些是人体产生的内毒，滞留在体内也会对人体健康造成不同程度的损害，并加速人体及大脑的衰老。要想大脑保持精力充沛，消除和缓解脑部不适，需要及时给大脑排排毒。常吃排毒食物是比较温和有效的排毒方法。

绿叶蔬菜

绿叶蔬菜中含有叶绿素、膳食纤维、维生素C、维生素E等营养成分，可帮助人体排出内毒和外毒。常见的绿叶蔬菜有菠菜、上海青、生菜等。

海藻类食材

海带、紫菜等海藻类食材所含有的独特的胶质能促使体内的放射性物质随粪便排出体外。

动物血

猪、鸡、鸭等动物的血中血红蛋白被胃液分解后，可与侵入人体的粉尘、毒素和重金属发生反应，并将它们排出体外。

6 选择健康的烹饪方式

不同的烹饪方式会对食物中的营养成分及食物的性质造成不同的影响，进而影响到大脑的健康。一般来说，蒸、涮、拌等烹饪方式更利于人体健康，而油炸、烧烤、熏等方式则可能损伤大脑健康。

蒸能更好地保持食物的营养成分，且零油烟烹饪，清淡不上火，利于人体消化和吸收；将蔬菜在沸水锅中涮一下后直接吃，或将食材焯烫后拌食，也能较好地保留营养，且能避免过多油脂的摄入。这些都是对人体健康有益的烹饪方式，有助于大脑排毒，减轻大脑负担。而油炸、油煎、烘烤等烹饪方式由于高油脂、高温度，容易产生毒素，不利于健康，宜少用。

7 吃饭七分饱，使头脑保持清醒

虽然人在饱食之后会有短暂的满足感，但长期饱食非常不利于身体健康，还会使人思维迟钝，导致大脑早衰。

人在进餐后血液会输送到胃肠系统进行消化和吸收，一旦饮食过饱，血液大量集中到肠胃器官，易导致人脑部缺血，使脑细胞正常生理代谢受到影响。而且，饱餐后鼓胀的肠胃会对周围器官造成压迫，使兴奋的“波浪”扩散到大脑皮质其他部位，诱发神经衰弱。不仅如此，长期饱食，体内过多热量无法消耗，会转化为脂肪，使人发胖，进而诱发肥胖、高脂血症、高血压、糖尿病、动脉硬化等一系列“现代文明病”。

吃太多会对我们的身体和大脑造成危害，这是毋庸置疑的，所以我们吃饭的时候要控制好量。那么，如何才能控制好呢？营养学家表示，每顿只吃七分饱就是一种很好的养生方式。吃饭七分饱既可以保证营养摄入，长期坚持下来，还有助于控制体重，使大脑保持充沛活力。那么，吃到七分饱到底是怎样的感觉？吃到什么程度该放下筷子？

给您一个判断标准：主观感觉胃还没有填满，但对食物的热情已经有所下降，主动进食速度也明显变慢。虽然习惯性地还想多吃，可如果把食物撤走，转移一下注意力，很快就会忘记吃东西的事情。而且，吃下一餐之前不会饿。

8 入口细咀嚼，强化5-羟色胺的活性

慢慢进食，一口食品在嘴里咀嚼至少20次，每顿饭咀嚼20～30分钟，不仅能充分摄入食物的营养成分，有助于食物的消化和吸收，而且通过“咀嚼”这种有规律的口腔运动，还可以促进5-羟色胺的合成和分泌，强化5-羟色胺的活性，对减轻大脑压力、愉悦身心情绪有帮助。细嚼慢咽时，大脑皮质的血液循环量会增加，从而激发脑神经的活动，可有效提高脑力。

有些人已经养成了快速进餐的习惯，应慢慢改正。每次进餐时要专心，一小口一小口地进食，可以把原来习惯用的筷子换成一只小汤匙，减缓进餐的节奏；还可以选择一些耐嚼或是膳食纤维丰富的食物，如粗杂粮、叶类菜等，利用这些本来就需要多次咀嚼的食物，慢慢培养在口中咀嚼食物的习惯，渐渐地你就会改掉平时狼吞虎咽的毛病了。

9 吃健脑的零食，缓解脑部压力

有研究表明，零食可以使人的精神进入较佳的状态，可以缓解紧张情绪，减轻压力。当我们手持零食时，可以转移思维的关注点，使大脑产生一种轻松的感觉，从而减轻工作、学习带来的压力。下面推荐几种健脑零食，供您选择。

全谷食品

全麦饼干、全麦面包、燕麦片等全谷食品中含有较多的维生素B_6、叶酸、糖类等成分，其可以增强大脑血液循环，提高记忆力，从而增强大脑的功能。

坚果

花生、瓜子、核桃、榛子、杏仁、松子等坚果，含有丰富的不饱和脂肪酸及其他多种有益成分，能延缓脑功能衰退，并起到改善血液循环、增强记忆力、防癌抗癌等作用。

水果

樱桃、草莓、橘子、苹果等水果中含有很多天然的维生素和矿物质成分，可以让我们的头脑保持清醒，对维持身体健康、减缓大脑衰老、预防老年痴呆症有帮助。

奶制品

脱脂牛奶、酸奶等奶制品含有丰富的蛋白质、钙、卵磷脂等成分，有助于增强大脑的细胞修复功能，大大提高大脑的工作效率，对维持人体健康有益。

零食建议在两餐之间食用，且需以量少、热量低、营养价值高为原则，切勿以零食代替正餐。

10 合理饮水，让大脑“轻装上阵”

人类脑部的重量中，水分占了75%，脱水第一个影响到的器官就是大脑。水对人体健康的重要性不言而喻，哪怕是很轻微的脱水都会引起便秘、头痛、四肢无力或精神萎靡等不适，若体内缺水量达到1%，就可能引起体温升高并很难集中注意力。当人体缺水量达到1%～2%时，口渴机制就开始起作用。然而，很多人常常把口渴反射和饥饿反射混淆，如果忽略了口渴反射或误作饥饿反射处理，人体就会继续脱水。当人体缺水达到3%时，身体和精神都会受到严重影响，无法正常运作。

大脑需要多少水？

扣除饮食中摄入的水分，人体每天需额外补充1500～1800毫升的水，相当于一天喝6～8杯250毫升的水。如果天气炎热或运动后大量出汗，则需要补充更多的水分。摄入适量的水，有助于促进大脑代谢产生的废物排出体外，使大脑“轻装上阵”，更加高效率地工作。

不过每日饮水量也不宜超过2000毫升，否则对身体也会造成不必要的损害。因为过多的水会给肾脏造成代谢负担，并可能导致水中毒。

大脑需要补水的信号

一般来说，人感觉口渴就意味着需要补水，尿液颜色偏黄也需要补水。另外，容易便秘、注意力不集中、低热、皮肤和口唇干燥、头发干枯易断也是大脑需要补水的信号。

大脑喜欢天然矿泉水

大脑喜欢的饮用水是天然的矿泉水，它含有大量的矿物质，不仅能为大脑补充所需

水分，还会补充大脑所需的矿物质。由于纯净水或蒸馏水在制作过程中去除了大部分矿物质，如果只喝纯净水或蒸馏水，那么就要保证从饮食中获得充足的矿物质。如果家中使用的是过滤装置饮用水，也会导致水中缺乏矿物质，需要注意补充。

大脑不喜欢喝饮料

饮料分为软饮料（不含酒精饮料）和含酒精饮料两大类。软饮料通常包括运动饮料、茶、咖啡、含乳饮料和碳酸饮料。其中碳酸饮料又分为果汁型、可乐型、低热量型和其他型几个类别。

碳酸饮料营养价值低，且含有较多的添加剂，常喝不利于人体健康。很多充气的碳酸饮料中还含有咖啡因，能刺激胃酸分泌，使大脑兴奋、呼吸和心跳加快，给大脑增加负担，故不宜多饮用。

果汁饮料通常含糖量高，多饮易导致肥胖，于健康无益。即便是纯果汁，也不主张多喝，一天一杯即可。

虽然牛奶营养价值高，但很多牛奶饮料为了增加口感和延长保质期，不可避免地添加了对大脑健康不利的各种色素、防腐剂和调味剂，不宜多饮。

含酒精的饮料会损伤肝脏，易导致人体发胖，酒精还会损伤大脑神经系统，可抑制大脑的兴奋性、减退记忆力和理解能力。因此，酒精饮料和酒都不宜多饮。

11 偶尔喝喝下午茶，缓解精神压力

工作日的下午，当你的大脑感到疲惫、紧张或精神不济，你或许需要一份下午茶。沏上一壶香茗，搭配清甜的水果或一份小点心，慢慢品来，不仅可以放松心情、陶冶情操，还能为大脑补充能量，使之尽快恢复活力。

现代医学认为，茶叶中适量的咖啡因能兴奋人体的中枢神经，增强大脑皮质的兴奋度，促进新陈代谢和血液循环，增强心脏动力，从而起到减少疲倦、提神益思的作用。茶还有静心宁神的作用，这一方面是茶的自然功效，另一方面，在饮茶的氛围中，宁静的气氛可以给人以心理上的安抚。

你可以单饮茶，也可以再搭配一份全麦饼干，或一份水果，或一小块蛋糕，边饮茶边享用点心，偶尔翻看手边的杂志，让心情平静下来、大脑放松下来，享受午后静谧时光。

四 减压食谱推荐

全麦面包

原料

全麦面粉90克，高筋面粉210克

调料

盐5克，干酵母2.5克

小贴士

面粉中富含维生素、钙、铁等成分，能促使色氨酸转化为5-羟色胺，缓解人体压力。

做法

1. 将全麦面粉倒入装有高筋面粉的盆中，加入干酵母，搅匀后倒在台面上，面粉中间开窝，倒入适量清水，混合均匀，揉成面团。
2. 加入适量盐继续揉，直至面团能拉出薄膜，盖上保鲜膜，发酵半小时。
3. 将发酵好的面团分成两份，每块分别用手按扁，再卷成三角形，常温下发酵至一倍大小，其间每隔一段时间在面团上喷一次水。
4. 在面团上轻划几道口子，表面用网筛筛入少许面粉，放入烤箱，调好温度，烤约15分钟即可。

糙米饭团

● **原料**

糙米饭140克，胡萝卜丁60克，玉米粒40克，青豆20克，海苔适量

● **调料**

盐、鸡粉各1克，食用油适量

● **做法**

1 锅中注水烧开，倒入胡萝卜丁、玉米粒、青豆，焯至断生，捞出备用。

2 将糙米饭盛入碗中，倒入焯好的食材，加入鸡粉、食用油和盐，拌匀。

3 取适量混合好的米饭揉成饭团，并在饭团外面包裹上海苔。

4 依样做好剩下的食材，将饭团摆放在盘中即可食用。

小贴士

玉米中含有谷氨酸，能促进大脑细胞的新陈代谢，具有增强大脑活力和记忆力的功效，适合经常用脑的人群食用。

燕麦花生小米粥

● **原料**

花生 30 克，小米 15 克，燕麦 10 克

● **调料**

冰糖30克

● **做法**

1 锅中倒入适量清水烧热，放入洗净的花生和小米。

2 待小米粥煮沸后倒入备好的燕麦，加盖转小火，煮至食材熟透。

3 揭盖，倒入冰糖，煮至溶化。

4 搅拌几下，关火后盛出煮好的米粥，装入碗中即可。

小贴士

花生含有维生素E、锌等营养物质，搭配小米熬粥，不仅易于人体消化吸收，还具有增强记忆力、延缓脑功能衰退的功效。

蔬菜三文鱼粥

● 原料

三文鱼120克，胡萝卜50克，芹菜20克，水发大米适量

● 调料

盐、鸡粉、水淀粉各3克，食用油适量

小贴士

三文鱼所含的不饱和脂肪酸是脑部及神经系统必不可少的物质，有增强脑功能、预防视力减退的功效。

● 做法

1 将洗净的芹菜切成粒；去皮洗好的胡萝卜切厚片，切条，改切成粒。

2 洗好的三文鱼切成片，装入碗中，放入少许盐、鸡粉、水淀粉拌匀，腌渍入味。

3 砂锅中注水烧开，倒入水发大米，加食用油，搅拌均匀。

4 加盖，慢火煲至大米熟透，倒入切好的胡萝卜粒，继续煮至食材熟烂。

5 加入三文鱼、芹菜，拌匀煮沸，加适量盐、鸡粉，拌匀调味。

6 把煮好的粥盛出，装入汤碗中即可。

苹果玉米粥

● **原料**

玉米碎80克，熟蛋黄1个，苹果50克

● **做法**

1 洗好的苹果切开，去核去皮，剁碎；熟蛋黄切成细末，备用。

2 砂锅中注入适量清水烧开，倒入玉米碎，搅拌均匀。

3 盖上盖，烧开后用小火煮约15分钟至其呈糊状。

4 揭开锅盖，倒入苹果碎，撒上蛋黄末，搅拌均匀。

5 关火后盛出玉米粥，装入碗中即可。

小贴士

苹果中含有丰富的糖类、维生素和矿物质等大脑必需的营养素，常吃苹果，不仅能为身体提供多种营养物质，还能增强记忆力，活化大脑。

蓝莓山药球

原料

山药180克

调料

白醋适量，蓝莓酱15克

小贴士

蓝莓中含有花青素，具有抗氧化的作用，还含有类黄酮，可以疏通人体内的血管，改善脑部血液循环，从而起到补脑、减压的作用。

做法

1 将洗净去皮的山药切成块，装入盛有清水的碗中。

2 碗中加入少许白醋，搅拌均匀，将山药去除黏液后捞出，备用。

3 将山药装盘，放入烧开水的蒸锅中蒸熟。

4 待山药稍放凉后取出，倒入大碗中，用勺子压成泥。

5 戴上一次性手套，取适量山药泥团成球，放入盘中。

6 依样将剩余的山药泥制作完成，装盘，再淋上蓝莓酱即可。

香蕉拌桃片

● **原料**

香蕉85克，柠檬35克，葡萄65克，桃子120克

● **调料**

白糖少许

● **做法**

1 备好的香蕉剥去果皮，把果肉切小块。
2 洗好去皮的桃子切取果肉，改切小块，备用。
3 取一个果盘，放入切好的香蕉、桃子。
4 放入洗净去皮的葡萄。
5 撒上适量白糖，挤上柠檬汁即成。

小贴士

香蕉中含有维生素B_6、色氨酸及糖类，这些营养素能增强人体内5-羟色胺的活性，从而起到活化大脑、减轻精神压力的功效。

猕猴桃大杏仁沙拉

● **原料**

猕猴桃130克，大杏仁10克，生菜、圣女果各50克

● **调料**

蜂蜜2克，橄榄油、柠檬汁各10毫升，盐少许

● **做法**

1 洗净的圣女果对半切开；猕猴桃对半切开，再切成片。

2 择洗好的生菜切成块，待用。

3 取一个大碗，倒入生菜、大杏仁、猕猴桃、圣女果，拌匀。

4 倒入柠檬汁，加入少许盐、蜂蜜、橄榄油，搅拌均匀。

5 将拌好的食材装入盘中即可。

小贴士

猕猴桃含有丰富的维生素C，维生素C有助于合成5-羟色胺，会让大脑感到满足、放松和快乐，在情绪低落时可以适当多吃些猕猴桃。

奶油娃娃菜

● **原料**

娃娃菜300克，奶油8克

● **调料**

水淀粉适量，枸杞5克，清鸡汤150毫升

● **做法**

1 洗净的娃娃菜切成瓣，备用。
2 蒸锅中注入适量清水烧开，放入娃娃菜。
3 盖上盖，用大火蒸10分钟至熟。
4 锅置火上，倒入清鸡汤、枸杞、奶油，拌匀。
5 用水淀粉勾芡，关火后盛出汤汁，浇在娃娃菜上即可。

小贴士

娃娃菜富含维生素、钾、硒等营养素，其中钾是维持神经肌肉应激性和正常功能的重要的微量元素，经常感觉疲倦、压力大的人群可以多吃一些。

蒸芹菜叶

● **原料**

芹菜叶45克，面粉10克

● **调料**

白糖2克，生抽4毫升，陈醋8毫升，鸡粉少许，芝麻油适量，姜末、蒜末各少许

小贴士

芹菜中含有钙、铁、磷等多种营养素，不仅能降低人体的血压，其含有的挥发性芳香油还能提神醒脑，常食对缓解压力有益。

● **做法**

1 取一个小碗，倒入蒜末、姜末，加入生抽、鸡粉、芝麻油。
2 淋入陈醋，撒上白糖，搅拌一会儿，至白糖溶化。
3 另取一个味碟，倒入调好的材料，即成味汁，待用。
4 将洗净的芹菜叶装入蒸盘中，撒上少许面粉，拌匀。
5 蒸锅上火烧开，放入蒸盘，盖上锅盖，用中火蒸约5分钟，至菜叶变软。
6 关火后揭盖，取出蒸盘，待芹菜稍冷后切成小段。
7 取一个盘子，放入切好的芹菜叶，食用时佐以味汁即可。

核桃菠菜

原料

菠菜270克，核桃仁35克

调料

盐、鸡粉各2克，食用油适量

小贴士

核桃含有亚油酸和维生素E，有润肺、补肾等功能。此外，它还含有丰富的磷脂和赖氨酸，能补充脑部营养、健脑益智、增强记忆力。

做法

1 将洗净的菠菜切成段。
2 热锅注油，烧至三成热，放入核桃仁，滑油1分钟。
3 把核桃仁捞出，装入盘中。
4 放入少许盐，拌匀，备用。
5 锅底留油，倒入切好的菠菜，翻炒匀。
6 加入适量盐、鸡粉，翻炒至熟。
7 将炒好的菠菜盛出装盘。
8 放上备好的核桃仁即可。

大枣蒸百合

● **原料**

鲜百合50克，大枣80克

● **调料**

冰糖20克

● **做法**

1 电蒸锅注水烧开上汽，放入洗净的大枣。
2 盖上锅盖，调转旋钮定时蒸20分钟。
3 待时间到，掀开锅盖，将大枣取出。
4 将备好的百合、冰糖摆放到大枣上。
5 再次放入烧开的电蒸锅。
6 盖上锅盖，调转旋钮定时蒸5分钟。
7 待时间到，掀开锅盖，取出即可。

小贴士

大枣中含有大量的糖类，主要为葡萄糖，是大脑供能的“主力军”，也是维持大脑正常功能的必需营养素。

香甜红薯球

原料

红薯300克，牛奶30毫升，黄油20克

做法

1 红薯洗净去皮，切成片，放在盘子里。
2 将切好的红薯移入蒸锅，大火蒸至熟软。
3 取出蒸熟的红薯。
4 加入黄油和牛奶，压碎搅拌成薯泥，放至温凉。
5 取适量薯泥放入保鲜膜中，拉起保鲜膜四角，沿同一方向缠绕，直到将其压实呈球状。
6 依此方法做完剩余的薯泥，装入盘中即可。

小贴士

红薯富含蛋白质、淀粉、果胶、维生素及多种矿物质，对脑细胞和内分泌腺素的活力有很大的促进作用，能延缓智力衰退，增强人体的抵抗力。

豆皮蔬菜卷

● 原料

豆腐皮80克，瘦肉165克，生菜75克，火腿肠55克，黄瓜85克

● 调料

甜面酱12克，鸡粉少许，料酒4毫升，生抽5毫升，食用油适量，葱条少许

● 做法

1 分别将黄瓜、火腿肠、生菜、葱条和瘦肉切成丝，豆腐皮切成方块。

2 用油起锅，倒入瘦肉丝，炒至变色，淋入少许料酒，炒匀，放入适量甜面酱，炒至上色。

3 加入少许生抽、鸡粉，炒匀调味。

4 倒入切好的火腿肠、葱丝，炒出香味，装盘盛出，制成馅料。

5 取一张切好的豆腐皮，放入生菜丝、黄瓜丝和炒好的馅料，卷成蔬菜卷。

6 依此做完余下的材料，放入盘中即成。

小贴士

豆腐制品含有优质植物蛋白，对大脑功能具有强化作用，适当食用可以增强记忆力，延缓脑细胞衰老。

玉米青豆沙拉

● **原料**

玉米棒一根，圣女果、青豆各50克

● **调料**

橄榄油、盐、白糖、醋各适量

● **做法**

1 玉米棒洗净，蒸至熟，放凉。
2 青豆洗净，煮熟，捞出待用。
3 圣女果洗净，对半切开，装入盛有青豆的碗中。
4 取一小碟，加入橄榄油、盐、醋和白糖，拌匀，调成料汁。
5 将蒸熟的玉米棒去芯，切小块，放入碗中。
6 淋上拌好的料汁即可。

小贴士

圣女果含有苹果酸、柠檬酸等有机酸，可以帮助消化，调整胃肠功能，搭配玉米制成沙拉，还能刺激大脑细胞，减轻脑部压力。

牛肉炒菠菜

原料

牛肉150克，菠菜85克

调料

盐3克，料酒4毫升，生抽5毫升，鸡粉少许，水淀粉、食用油各适量，葱段、蒜末各少许

做法

1 将洗净的菠菜切长段。
2 洗好的牛肉切开，再切薄片。
3 把牛肉片装在碗中，加入少许盐、鸡粉，淋上料酒，放入生抽、水淀粉、食用油，拌匀，腌渍一会儿，待用。
4 用油起锅，放入腌渍好的牛肉，炒匀，至其转色。
5 撒上葱段、蒜末，炒出香味，倒入切好的菠菜。
6 炒散，至其变软，加入少许盐、鸡粉，炒匀炒透。
7 关火后盛出菜肴，装在盘中即可。

小贴士

牛肉富含蛋白质等成分，其组成比猪肉更接近人体的需要，而且蛋白质对大脑有活化作用，能增强记忆力。

芦笋炒鸡肉

原料

鸡胸肉150克，芦笋120克，高汤30毫升

调料

盐、胡椒粉、白糖各3克，料酒3毫升，淀粉、食用油各适量，葱、去皮姜块各少许

做法

1 鸡胸肉切小块，装入碗中，加入料酒、盐、胡椒粉、淀粉，拌匀腌渍。
2 芦笋去皮切段，葱切成段，姜块切成丝，待用。
3 热锅注水煮沸，放入芦笋，焯水，捞起，放入盘中，待用。
4 热锅注油烧热，放入鸡胸肉，炒至微微焦黄，盛出备用。
5 锅中放入姜丝、葱段，炒香，再放入芦笋、鸡胸肉，滴入料酒，炒匀去腥。
6 倒入高汤提鲜，放入盐、胡椒粉、白糖，炒至入味。
7 淀粉加水调匀，倒入锅中勾芡，关火将炒好的菜肴盛出即可。

小贴士

鸡肉含有磷脂类物质，是构成大脑和脊髓的主要成分之一，能在一定程度上消除大脑疲劳。

浓汤炖鸡肉

原料

淡奶油50毫升，鸡汤250毫升，鸡胸肉块、胡萝卜丁各150克，豌豆100克，欧芹1根，面粉25克

调料

柠檬汁、盐、糖、黑胡椒、蒜末、意式香草碎、欧芹碎、黄油各适量

小贴士

鸡肉营养丰富，是高蛋白、低脂肪的健康食品，常食能延缓大脑衰老。

做法

1 汤锅中加入黄油，放入胡萝卜丁，炒5分钟。

2 加入鸡肉和蒜末翻炒片刻，注入鸡汤，加入欧芹、黑胡椒和意式香草碎，搅匀，小火煮 2 分钟。

3 取出鸡肉，用高温烹煮锅里的汤汁，至汤汁剩三分之二时连同胡萝卜盛碗。

4 把黄油放入锅中小火融化，加入面粉，搅拌均匀，再加入煮好的胡萝卜鸡汤。

5 加入淡奶油、柠檬汁和糖，搅拌至汤汁无结块时熄火，加入盐和黑胡椒调味。

6 加入豌豆、鸡肉和欧芹碎混合搅拌，关火盛入碗中。

7 将装有食材的碗放入预热至180℃的烤箱，烤15分钟即可。

滑蛋虾仁

● **原料**

虾仁 200 克，鸡蛋 4 个

● **调料**

盐 3 克，料酒 5 毫升，食用油、玉米淀粉、水淀粉各适量，香葱 2 根

● **做法**

1 虾仁用少许盐混合抹匀，放置 5 分钟；香葱切成葱花。

2 用厨房纸将虾仁水分吸干，分离鸡蛋中的蛋白和蛋黄。

3 虾仁加盐、料酒、蛋白、玉米淀粉，搅拌均匀，腌渍片刻。

4 锅中注水烧开，倒入腌好的虾仁，汆烫至七分熟，捞出备用。

5 蛋黄打散，倒入虾仁中，加入水淀粉、葱花，搅拌均匀。

6 热锅倒油，再倒入混合虾仁的蛋液，待蛋炒至凝固后快速炒散，盛出即可。

小贴士

虾仁是蛋白质含量较高的食品之一，同时还含有钾、碘、镁、磷等微量元素，既能满足身体对于多种营养的需求，还能活化大脑。

柠檬蒸乌头鱼

● **原料**

乌头鱼400克

● **调料**

鱼露适量，香菜15克，柠檬30克，红椒25克

● **做法**

1 洗好的红椒切圈，洗净的香菜切末，柠檬切片，备用。
2 处理干净的乌头鱼斩去鱼鳍，从背部切开。
3 在碗中倒入适量鱼露，放入柠檬片、红椒，调成味汁。
4 取一个蒸盘，放入乌头鱼，撒上部分香菜，放上柠檬片、红椒圈，待用。
5 蒸锅上火烧开，放入蒸盘，盖上盖，用中火蒸熟。
6 揭开盖，取出蒸好的乌头鱼，撒上余下的香菜即可。

小贴士

柠檬含有维生素C、钙、铁等营养成分，这些物质可以为大脑提供充足的养分，促使大脑保持情绪稳定。

鲢鱼头炖豆腐

● **原料**

鲢鱼头270克，豆腐200克

● **调料**

盐、鸡粉各2克，胡椒粉1克，料酒6毫升，食用油、香菜、姜片、葱段各少许

● **做法**

1 洗好的豆腐切小方块，香菜切段。

2 煎锅倒油烧热，放入鲢鱼头，用中火煎出香味，翻转鱼头，煎至两面断生。

3 放入姜片、葱段，炒出香味，关火后将煎好的鱼头盛入砂锅中，备用。

4 砂锅中注入适量温开水，倒入豆腐块，放入香菜梗，加入少许盐、料酒。

5 盖上盖，烧开后用小火炖约20分钟；揭开盖，加入鸡粉、胡椒粉，拌匀调味。

6 关火后盛出锅中的菜肴，装入碗中，点缀上香菜叶即可。

小贴士

豆腐中含有丰富的大豆蛋白，能为大脑补充足量的蛋白质，从而增强人体免疫力，延缓大脑衰老。

金枪鱼南瓜粥

● 原料

金枪鱼肉70克，南瓜40克，秀珍菇30克，水发大米100克

● 做法

1 洗净去皮的南瓜切片，再切细丝，改切成粒。

2 洗好的秀珍菇切丝，洗净的金枪鱼肉切成丁，备用。

3 砂锅中注入适量清水烧开，倒入洗净的大米，拌匀。

4 盖上盖，烧开后转小火煮约10分钟。

5 揭盖，倒入金枪鱼肉、南瓜、秀珍菇，拌匀。

6 盖上盖，用小火煮约25分钟至所有食材熟透。

7 揭开盖，搅拌至粥浓稠，盛出煮好的南瓜粥即可。

小贴士

金枪鱼含有蛋白质、维生素和矿物质等多种营养成分，不仅能满足人体所需，其特有的Ω-3脂肪酸还可以促进脑部血液循环，缓解偏头痛。

三文鱼蒸饭

● 原料

水发大米150克，金针菇、三文鱼各50克，葱花、枸杞各少许

● 调料

盐3克，生抽适量

● 做法

1 洗净的金针菇切去根部，切成小段。
2 洗好的三文鱼切丁，装碗，加盐拌匀，腌渍片刻。
3 取一碗，倒入大米，注入适量清水。
4 加入生抽、三文鱼肉，放入金针菇，拌匀。
5 蒸锅中注入适量清水烧开，放上碗。
6 加盖，中火蒸40分钟至熟。
7 揭盖，取出蒸好的饭。
8 撒上葱花，放上枸杞即可。

小贴士

三文鱼中含有人体必需脂肪酸，DHA、EPA的含量尤其丰富，它们都是人体脑部、视网膜及神经系统必不可少的营养物质，可增强和修复大脑功能。

香蕉蜂蜜牛奶

● **原料**

香蕉1根，牛奶60毫升

● **调料**

蜂蜜20克

● **做法**

1 香蕉去皮，果肉切小块，装入盘中，待用。
2 砂锅中注水烧开，倒入切好的香蕉，拌匀，煮至沸。
3 倒入牛奶，加入蜂蜜。
4 搅拌匀，略煮片刻至其完全溶化。
5 关火后盛出煮好的香蕉蜂蜜牛奶即可。

小贴士

牛奶富含蛋白质，可以保护脑细胞。其还含有大量钙质，是脑代谢不可缺少的物质。

牛奶黑芝麻糊

原料

配方奶粉、糯米粉各15克，黑芝麻10克

调料

白糖适量

做法

1 将适量开水注入糯米粉中，搅拌均匀，调成糊状。
2 在配方奶粉中注入适量凉开水，搅匀，待用。
3 砂锅中注入适量清水烧热，倒入黑芝麻，搅拌均匀。
4 关火后放入配方奶粉、糯米粉，边倒边搅拌。
5 加入白糖，搅拌至完全溶化。
6 将煮好的芝麻糊盛出，装入碗中即可。

小贴士

黑芝麻中含有大量的脂肪和蛋白质，具有增强大脑功能、缓解大脑疲劳的功效；而且芝麻蛋白是完全蛋白，可为大脑补充营养。

柚子酸奶

原料

柚子180克，酸奶150克

调料

蜂蜜少许

做法

1 柚子取果肉，切块。
2 取一个小碗，倒入柚子块。
3 加入少许蜂蜜，拌匀。
4 倒入备好的酸奶即可。

小贴士

酸奶含有多种维生素和矿物质，不仅可以缓解大脑压力，而且能为身体补充能量。此外，其含有的益生菌对肠胃也有益。

苹果椰奶汁

● **原料**

苹果 70 克，牛奶 300 毫升，椰奶 200 毫升

● **做法**

1 洗净去皮的苹果切开，去除果核，切成小块，备用。
2 取榨汁机，选择搅拌刀座组合，倒入苹果，加入牛奶、椰奶。
3 盖上盖，选择“榨汁”功能，榨取汁水。
4 断电后倒出汁水，装入杯中即可。

小贴士

苹果富含糖类、维生素和矿物质等大脑必需的营养素，经常吃苹果有增进记忆力、提高智力的效果，而且苹果香气还具有消除心理压抑感的功效。

核桃姜汁豆奶

● **原料**

核桃30克，姜片5克，豆浆100毫升

● **调料**

蜂蜜20克

● **做法**

1 洗净的姜片切粒，核桃切碎，待用。
2 将姜粒和核桃碎倒入榨汁机中。
3 加入豆浆，盖上盖，启动榨汁机，榨取豆奶。
4 断电后揭开盖，将豆奶倒入杯中。
5 淋上蜂蜜，拌匀即可。

小贴士

核桃性平味甘，香中带涩，含有丰富的不饱和脂肪酸，能保健大脑、增强记忆力。这款豆奶还带着微微的姜辣味，有开胃的作用。

菊花雪梨茶

原料

雪梨 140 克，菊花 8 克，枸杞 10 克

调料

冰糖适量

做法

1 洗净的雪梨取果肉，切成薄片，备用。
2 将雪梨与冰糖一起放入锅中，加水煮沸。
3 放入菊花和枸杞，续煮2分钟。
4 盛出煮好的菊花雪梨茶，装入杯中即可。

小贴士

雪梨味美汁多，甜中带酸，还含有多种维生素和纤维素，具有活化大脑快乐细胞，保护脑神经细胞的作用，适合压力较大的人群饮用。

薄荷绿茶

原料

绿茶包1袋，薄荷叶少许

调料

蜂蜜适量

做法

1 取茶壶，放入绿茶包、薄荷叶。
2 注入适量开水，至八九分满。
3 倒入适量蜂蜜，搅拌匀，至其溶化。
4 盖上盖，浸泡一小会儿。
5 将茶壶中的薄荷绿茶倒入杯中即可。

小贴士

绿茶未经发酵，含有强效抗氧化剂和维生素C，能分泌出对抗紧张压力的激素，其含有的咖啡因还能刺激中枢神经，振奋精神。

Part 5

按摩保健，常葆大脑年轻

每天给自己按摩放松一下，按摩是一种很好的减压方式。按摩可调节大脑皮质功能，改善血液循环，从而保持大脑活力，增强大脑对压力的调节功能，使精神压力得到缓解。在使用按摩法减压之前，掌握不同身体部位的按摩方法及注意事项很有必要。

一 按摩减压的神奇之处

按摩是我国医学的重要组成部分，它是以医学理论为指导，以经络腧穴学说为基础，以按摩为主要施治，用来防病治病的一种手段。穴位按摩有通经活络、调整人体机能、祛邪扶正之效，当然，对身体上和精神上的压力也有一定的缓解作用。

1 促进血流畅通

人体组织的老化与血流不畅、产生活性氧等问题息息相关。那么，阻碍血液畅通的原因是什么呢？除了淤积在血管里的胆固醇和中性脂肪外，乳酸也是一个重要因素。

通过按摩，进行穴位刺激，一般会达到两个效果：一是促进血流畅通，二是分泌脑内吗啡。我们知道，脊髓中配备有一整套神经系统，手指压力给了皮肤适当的刺激后，会通过脊髓直接传到内脏和大脑中，减少人体内乳酸的堆积，使血液更加畅快地流通，从而延缓脑部衰老，缓解压力。

2 增强脑内吗啡的分泌

吗啡能抑制大脑皮质痛觉区，有强镇痛的作用，对呼吸中枢和咳嗽中枢有抑制作用，对胆管、输尿管、支气管等平滑肌都呈现兴奋作用，临床上经常用它来做止疼药。在按摩的过程中，将人体设定为若干经络通路，揉压经穴，可以在一定程度上刺激吗啡的分泌。

需要注意的是，在具体的实践过程中，遇到某处指压特别舒服的部位，要更加耐心地去揉压。如果找不准身体的某个穴位，可采取全身按摩法，同样能起到舒缓压力、消除疲劳的按摩功效。

二 敲击按摩法，压力全敲除

敲击按摩法即使用缓慢的手法均匀地敲击人体的部位，来达到缓解疼痛或缓解抑郁目的的方法。基础方法为：两人一组，一人背对着另一人，另一人采用舒缓的方式敲击对方。

1 敲击按摩法的效果

敲击按摩法是有节奏的、反复进行的按摩刺激手法，在敲击的过程中，能活化5-羟色胺神经，舒缓被敲击者紧张和僵硬的状态，使心绪变得平和下来，消极的情绪得到改善，对心理和身体上的压力都有明显的改善作用。

心理的效果

- 不安和紧张的情绪得到缓解。
- 增加正能量。
- 减少负面情绪。
- 发现问题时愿意从积极的方面考虑。

身体的效果

- 改善血液循环，使身体变得温暖起来。
- 缓解肌肉紧张。
- 减轻身体的疲劳感和疼痛感。

2 敲击前的放松运动

在进行敲击之前，敲击者和被敲击者都需要进行放松，这样才能达到良好的保健效果。

具体的放松方法为：被敲击者取坐姿，两腕自然下垂于身体的两侧，放松双肩和双手腕，手腕来回地摇晃几分钟，让心情平静下来；敲击者可以取坐姿或站姿，同样进行这个动作，一般放松5分钟左右即可。

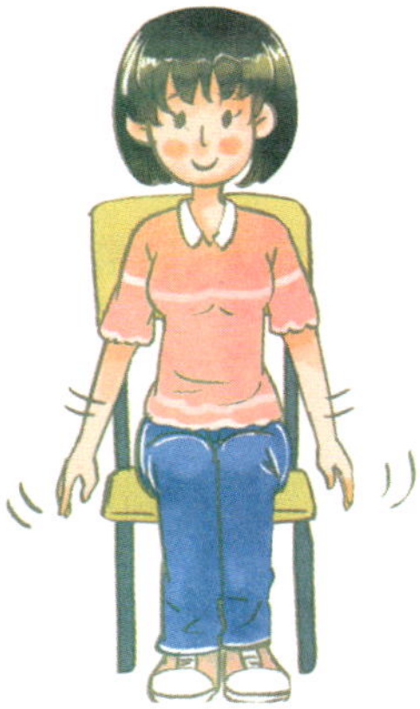

3 敲击按摩法的手形

猫爪形

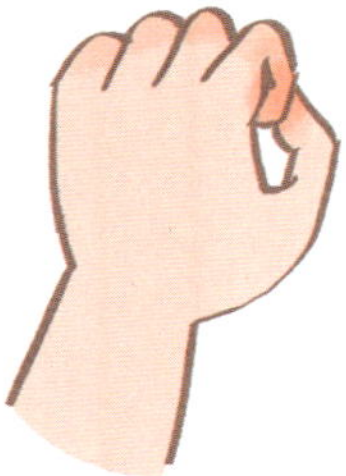

将手轻轻地握起来进行敲击。手形就像猫咪的爪子一样，重在使用手腕敲击。

手指弓形

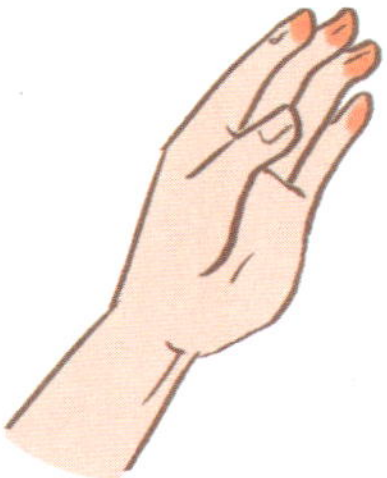

将手指微微散开弓起来呈半圆形，用指腹轻轻地敲击。

大象鼻子形

站在对方的身后，双手腕像大象的鼻子一样前后甩动，然后用手指尖轻轻地敲击对方的腰部一带。

手指柔软形

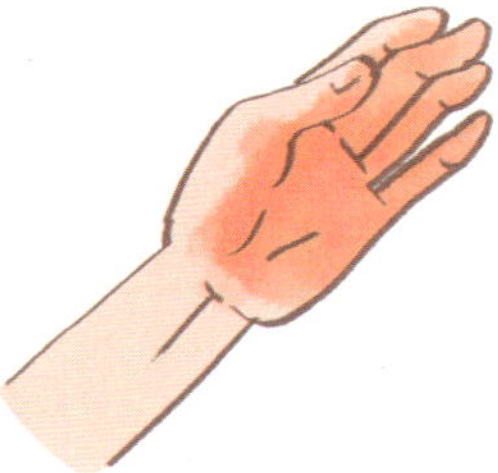

手形和“手指弓形”一样，但不仅用指腹，还要用全手掌轻轻地压在对方的身体上，沿身体稍微用力行走。

4 敲击的要点

- 每个人每次大约敲击15分钟，两个人要花费30分钟。
- 敲击法动作要轻柔，不要过于用力。
- 按照平均每1～2秒敲击一下的速度进行。如果不好掌握，可以在心里默默地数数。
- 敲击时，宜穿宽松舒适的衣服，方便操作。
- 天气好的时候沐浴在阳光里实施敲击，效果更好。

5 坐姿敲击法

①

实施敲击者坐在被敲击者的身后，将手腕放在膝盖上，彻底放松。

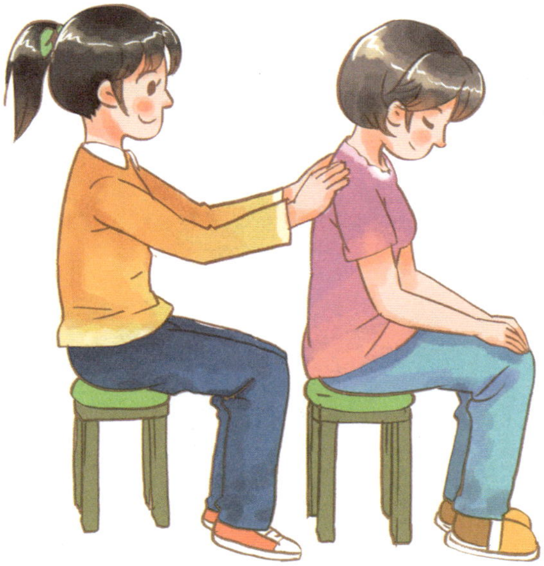

②

实施敲击者用双手轻轻地敲击被敲击者的肩胛骨内侧，每次5秒即可。

③

用两手替换着敲击两个相同的部位。注意，用手指的指肚敲击。间隔1～2秒分别敲击左右部分，持续敲击30～60秒。

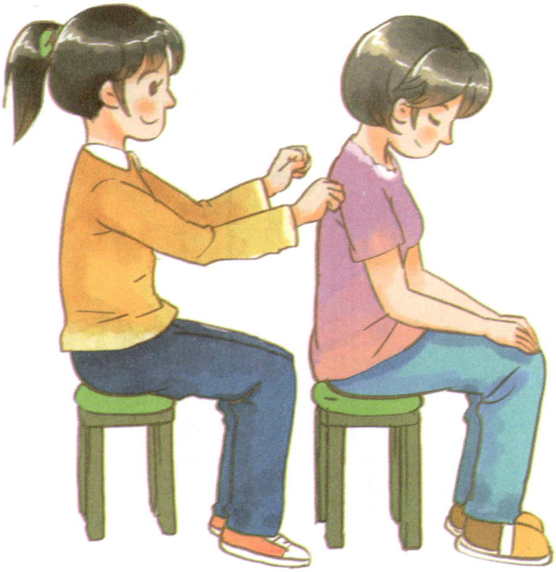

④

双手握成猫爪的样子，左右交换着敲击。不要太用力，仅用手腕的自然力量轻轻敲击即可。

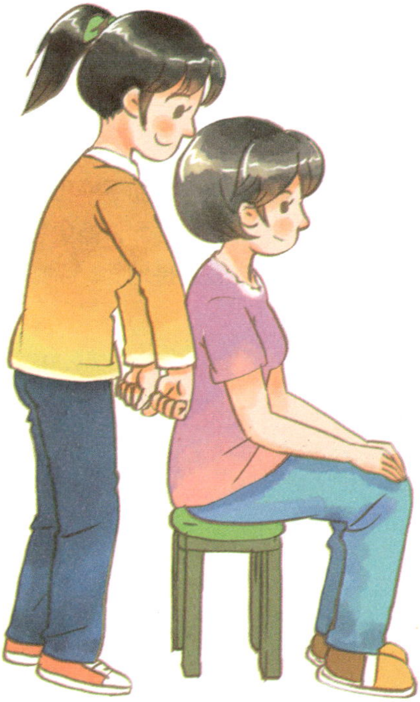

⑤

实施敲击者站立在被敲击者身后，一边左右敲击，一边慢慢地向下移动。当敲击了后背的大半部分后，改用大象鼻子手形，用手背的掌指关节进行敲击。

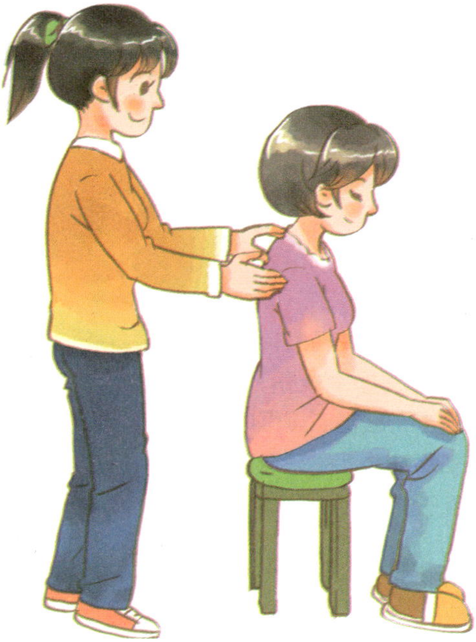

⑥

双手慢慢地向下、向肘部一带移动，注意，敲击肩膀时要稍稍用力。

6 卧姿敲击法

写在敲击之前的话

人在平躺的时候，副交感神经更加活跃一些，身心也更加平静和舒缓，同时对刺激也更敏感。如果采取卧姿敲击，身心的感受会更加强烈，能更有效地缓解身体和精神压力。躺着的地方可以是床，也可以是沙发或是地面。手指的敲击可以稍微加重一些，必要时可用整个手掌轻轻地拍打。

①

使用枕头让被敲击者侧卧，尽可能使其后背朝向天花板。躺下的时候要屈曲大腿，将被子叠起来垫在膝盖的下方，使身体感觉舒适和安定。

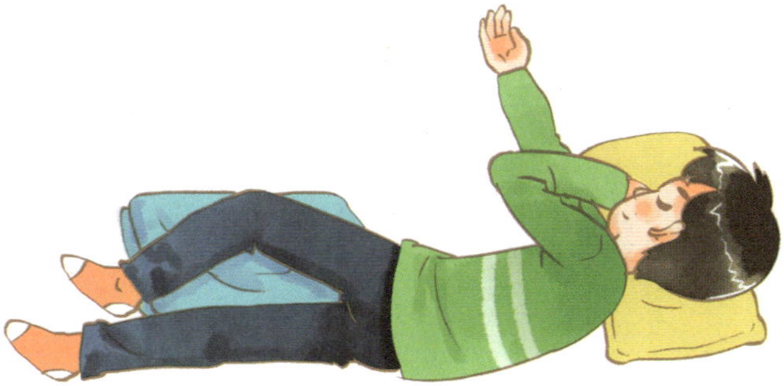

②

敲击者坐在被敲击者的身后，将手放在肩胛骨一带，温和地敲击，敲击点慢慢地向腰部移动，此时采取猫爪的手形操作较好。

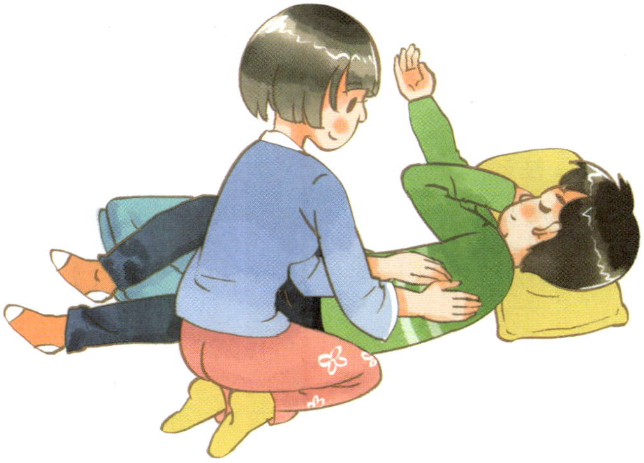

③

按照“后背—肩膀—手臂—颈部—头部”的顺序敲击。

④

接着，使被敲击者仰卧，敲击其双腿和双脚。敲击结束后可将双手放在被敲击者的身上一会儿。

三 其他按摩减压方法介绍

现在越来越多的年轻人都处于亚健康状态，容易感觉疲劳，全身没有力气，这类人群也可以进行按摩推拿。通过刺激身体的某些穴位，消除身体和精神的疲惫感。一起来学一下吧！

1. 头部按摩减压法

①

将大拇指或掌心按于额头处皮肤，其余四指分别向两旁轻轻抹动，到眉梢处再推回前额中央。双手交替，有节律地推擦，10余次即可。

②

双手手指分别放在头顶两侧，稍用力从前发际沿头顶至脑后做梳头动作，20次左右。

③

双手拇指分别按在额部两侧太阳穴处，其余四指微开顶住头顶，双手同时用力，上下来回做直线按摩10余次。

④

用中指或食指，由轻到重，用力旋转按揉头部，10余次即可。

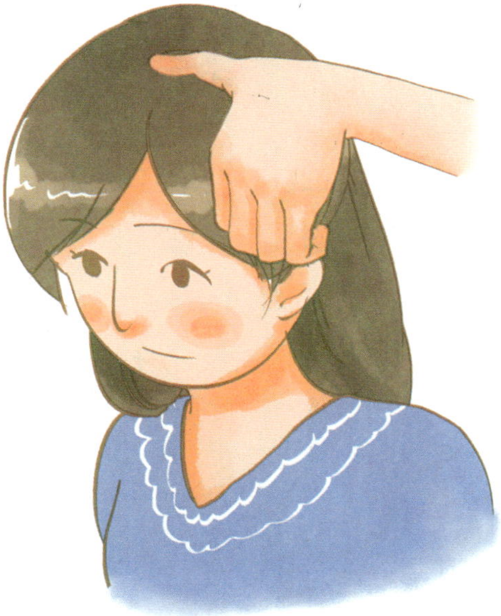

2 面部按摩减压法

①

搓热双手，将中指贴附在鼻翼的两侧，由鼻翼向上推至前额，来回上下搓动。

②

用中指从鼻翼经太阳穴到耳后，进行搓擦。

③

用拇指弯曲的突出部分左右交替叩击双侧攒竹穴，每穴15～20次即可。

④

端坐，两眼向左旋转 5 次，然后向前注视片刻，再向右旋转 5 次，前视片刻。

⑤

以两手的食指分别点按双侧睛明穴 15 ~ 30 秒，以微感酸胀为度。

⑥

用两手食指指端分别压在双侧太阳穴上，顺、逆时针各揉按10~15次。

3 开天门减压法

①

两手拇指指腹紧贴于印堂穴，双手余指固定在头部两侧。

②

左手拇指先自印堂穴垂直向上推移，经神庭穴推至上星穴，然后两拇指呈左下、右上，左上、右下交替推摩，手法由缓至速、由轻至重，反复推摩约 1 分钟即可。

4 百会穴点按掌摩法

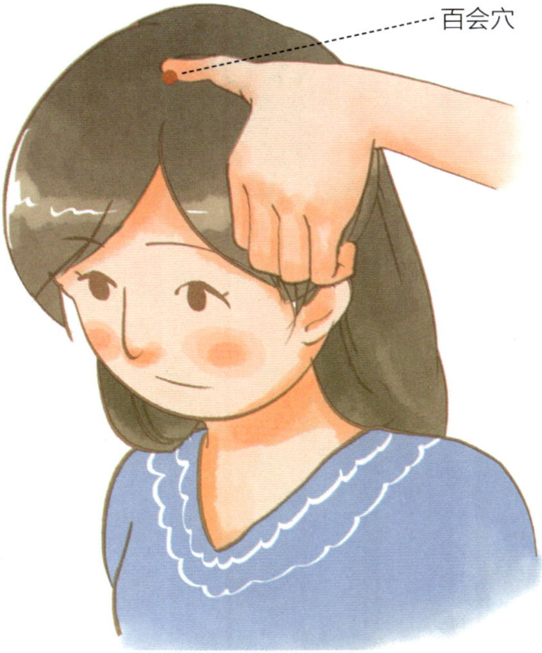

①

用右手拇指尖点按百会穴，点按至局部产生胀麻感即可。

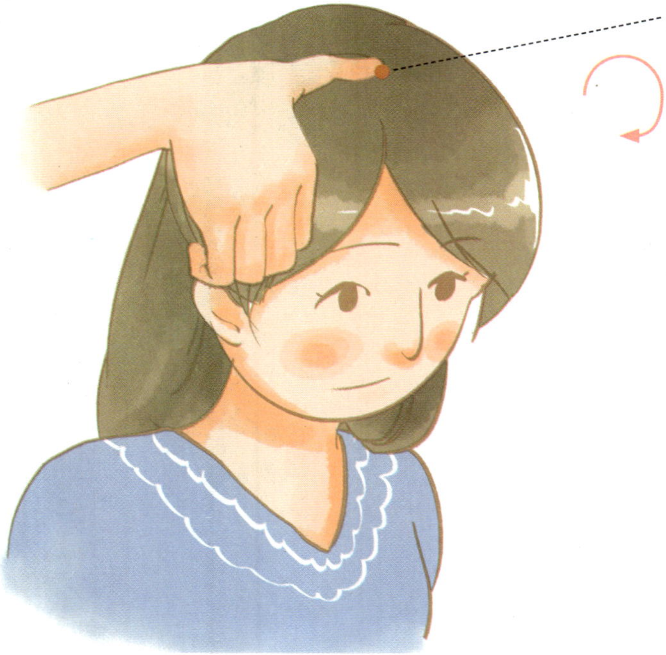

②

用拇指指腹旋摩，按顺时针方向持续按摩约30秒即可。

5 鸣天鼓减压法

两手掌心紧按两耳孔，两手中三指轻击后枕部10次；掌心掩按耳孔，手指轻按后枕部不动，再突然抬离，接连开闭放响10次；两食指插入耳孔内转动3次，再突然放开。这样算1次，共做3～5次。

6 玉锤叩击法

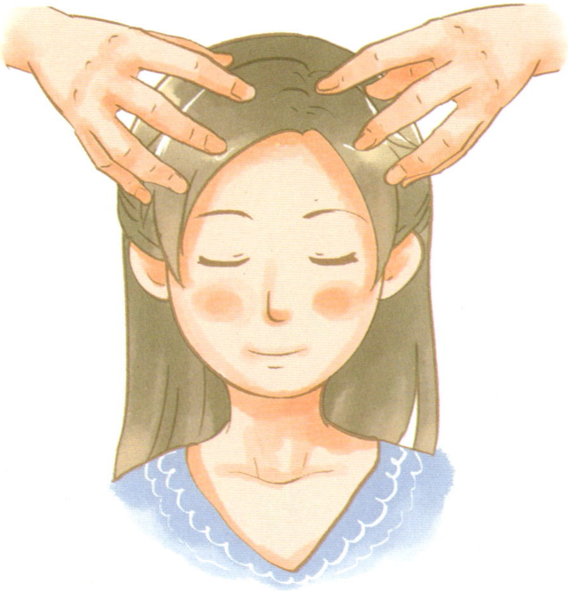

以指尖作锤，双手同时进行，从后向前，从左至右叩击整个头部，反复依次紧叩，叩击时由腕部发力，用力均匀，不可太重或太轻，以有较强的振荡感而不觉疼痛为度，约1分钟。

7 足部按摩减压法

①

伸直双腿，坐好，将腰背挺直，将一只脚放在另外一条腿上。

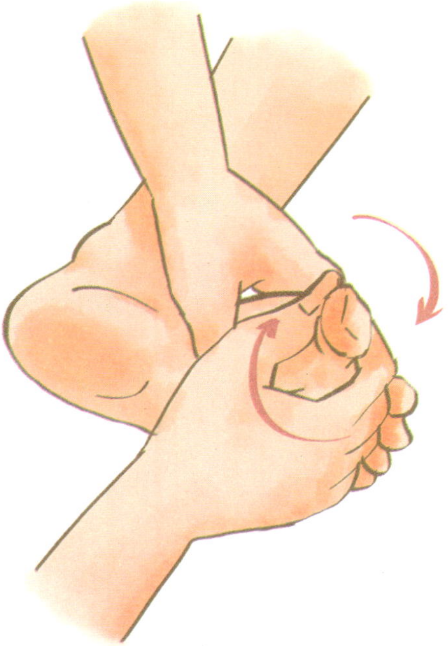

②

用对侧的手指抓住放在大腿上的脚趾，一边吐气一边按揉。首先从大脚趾开始，每次揉数下即可。按照顺序揉完后再重复，一共揉 2 ~ 3 次。

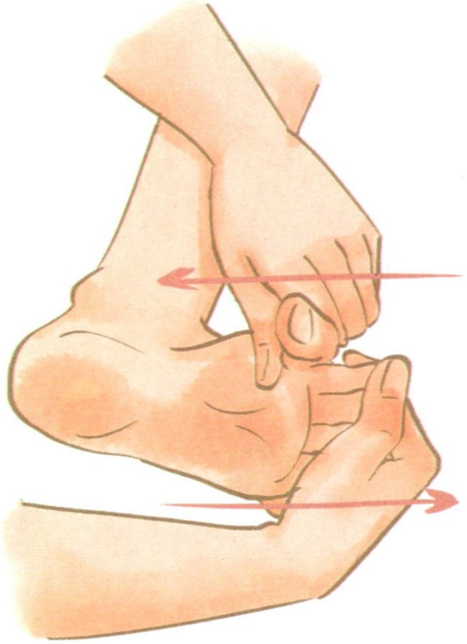

③

用拇指和食指打开大脚趾与另外4个脚趾，一边吐气一边上下摇动。

④

用脚趾夹住手指，一边吐气一边揉脚腕。分别向左、右揉数次后，换另一只脚进行相同的按摩。

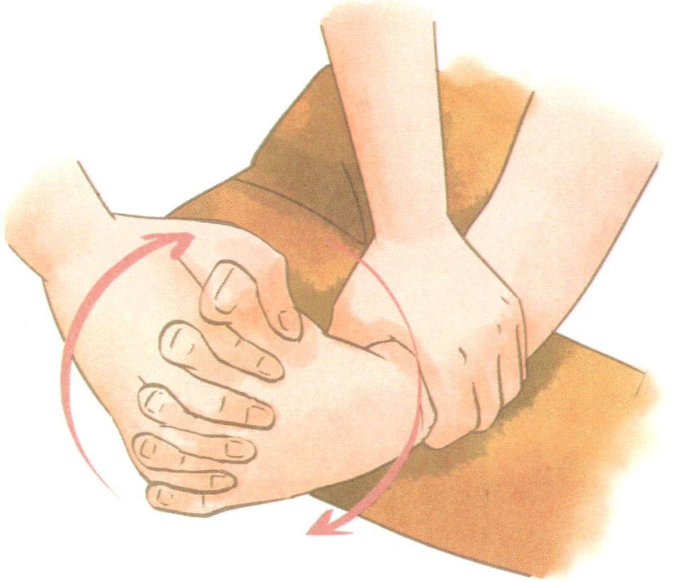

四 按摩的注意事项

按摩是一种很好的防病治病的养生方法，经常给身体做做按摩，能消除疲劳，促进血液循环，让经络更加畅通。但是人体的穴位分布复杂，如果按摩不慎，又会给被按摩者带来坏的影响。所以，我们需要掌握按摩的注意事项，安全按摩。

1 环境舒适，卫生清洁

房间保持空气新鲜，温度适宜，卫生清洁。按摩者应经常修剪指甲，每次按摩前取下戒指、手表及其他装饰品，洗净双手。气温较低时宜两手对搓，使手掌温暖，以免冷手接触肌肤惊动气血。此外，还要注意按摩部位的清洁。

2 思想集中，用心感受

按摩时注意力要集中，用意念引导按摩操作，用心体验自己手法的效应和点穴的准确程度，有助于起到疏经活络、调和气血的作用。

3 体位适宜，配合呼吸

在保健按摩时，采取的体位应使操作部位充分放松，有利于手法操作。同时注意调整呼吸，将按摩、锻炼、呼吸有机结合起来，有助于提高疗效。

4 诊断清楚，使用介质

有的疾病诊断不清或不知是否适于按摩，建议与医生商讨后再定。在做面、足等部位的按摩时，可适当使用滑石粉、活络油等介质，以保护皮肤。

5 关注反应，调整手法

按摩时应注意各种按摩手法操作在局部及整体的反应，了解按摩时和按摩后机体的反应是随时调整手法的主要依据。有明显改善身体状况、出现酸麻胀重及轻度疼痛的手法可多用，出现疼痛加剧、青紫瘀斑等异常按摩反应的手法则不用。

6 抓住重点，追求实效

在按摩中产生的身体痛点或异常反应往往是某些疾病通过经络在体表的反应，因此，为了达到良好的按摩保健功效，在按摩时，应把握“离穴不离经，离经不离痛”的原则，抓住重点，针对主要病痛进行操作，由轻到重，反复按摩，这样才能更好地达到祛病保健之效。

7 把握时间，循序渐进

按摩应在闲暇时进行，切不可一边按摩，一边还想着别的事情。一般以清晨、睡前为宜，按摩前应排空大、小便，饥饿时或刚进食后均不宜按摩。对于疾病的按摩防治，初起时宜，病重时不宜，恢复期多用。此外，每个按摩手法操作的时间长短都要把握好，一般以15分钟为宜，点穴以1～3分钟一穴为宜，每天1次。

8 体位适宜，配合呼吸

保健按摩是一个循序渐进的过程，不是一下子就能掌握的，必须在实践中逐渐学习和掌握。同时，保健按摩也不是做一两次就能见效的，必须坚持不懈，才能达到防病治病、延年益寿的目的。

9 使用器械，配合锻炼

对于双手无法触及或因手劲小、刺激力度不够的部位，可适当使用器械，如用自制的拍子拍打后背。对于某些疾病，在做保健按摩时，可配合局部锻炼，以提高疗效，如颈椎病可配合颈部前后屈伸和左右旋转运动，肩周炎可配合手扒墙、拉滑轮等运动。

10 劳逸结合，练养得当

按摩需劳逸结合，如果操作过量，可能会引起身体的不良反应；反之，如果不足，可能起不到良好的保健功效。

Part 6

心理保健，释放负面情绪

许多人重视身体的保养，却往往忽略了心理的保健。压力过大可能导致一系列心理疾病，学会释放负面情绪，乐观、豁达地看待人和事，掌握一些日常的心理保健方法及宣泄压力的心理游戏有助于避免“压力山大”带来的不良后果。

一 病从心头起，心理保健很重要

随着人们健康观念的增强，越来越多的人开始注意保养自己的身体，却忽视了心理健康。其实，心理健康和身体健康一样重要，只有做好心理保健，才能身心健康地享受生活。

1. 心灵是自身免疫力的源泉

有研究表明，人们的心理活动和身体的生理功能之间存在着很多关联。如果处在良好的情绪状态，就会使生理功能增强，反之，则会降低甚至破坏这种功能。免疫力会受到心理作用的影响，可以说心灵是自身免疫力的源泉。

众所周知，免疫力是身体健康的“防线”，可以帮助人们抵御外界病菌，如果免疫力降低，人们生病的次数就会明显增多，那么，心理作用与免疫力的强弱有什么关系呢？

首先，人体的“防御部队”由“细胞免疫部队”和“体液免疫部队”两部分组成，它们“各司其职”，共同“捍卫”人体的健康，当你保持良好的心情时，“防御部队”就会强大；如果心情不好，掌管机体免疫功能的分子也会“不高兴”，直接影响人体免疫系统发挥作用，使得病毒和细菌有机可乘，造成免疫力下降，各种疾病就会产生。所以，要尽量保持乐观的心态，积极的心理作用可以增强免疫力，让我们拥有好身体。

2 不良情绪会诱发癌症等多种疾病

传说春秋时代的伍子胥过昭关，一夜之间白了头。虽然看似夸张，但却能看出情绪对人们的影响。可想而知，如果长期被不良情绪影响，人们的身体健康自然会受到损伤，各种疾病甚至癌症都会不请自来。

有的人会在情绪不好的时候出现胃部不适，这是因为人在悲伤或恐惧时，胃黏膜会变白，胃酸停止分泌，就会引起消化不良；如果感到焦虑、愤怒，胃黏膜就会充血，胃酸分泌增多，引起胃痛甚至胃溃疡等疾病。

血压对于人体情绪的变化较为敏感，情绪状态的改变会引起血压和心率的变化。愤怒、抑郁、恐惧等都有可能导致血压升高，血压一旦升高，情绪恶化会更加难以控制。

反复而持续出现的不良情绪，会增加患心血管疾病的风险。尤其是高度焦虑者，其心绞痛、心肌梗死的发病率都会比正常人群高。

如果人们长期被不良情绪所“笼罩”，不仅会诱发多种疾病，甚至还会诱发癌症，这是为什么呢？因为不良情绪会加速肾上腺素系统分泌大量激素，这些激素会让血管收缩，血流不畅，造成供应血管末梢的氧气不能及时跟进；当再次有氧气进入时，为了充分体现其效力，就会变成活性氧；活性氧与水结合后生成过氧化氢，也就是用于医疗消毒的过氧化氢；如果遇上盐分，就会变成漂白粉，漂白粉经常用于自来水杀菌消毒，是一种剧毒物质，它与氨结合，就会变成致癌物——单氯胺。可见，经常情绪不良的人，不仅会患上各种疾病，甚至可能会患上癌症。

3 寿星们的共性——拥有开朗乐观的性格

随着寿命的延长，光阴在人们身上留下的印记也越多，各种老年性疾病越发明显。虽然人们不能阻止时光洪流的前进，但可以尝试改变自己的心态，拥有乐观开朗的性格，既能给他人带去欢乐，还有助于延长寿命。

人类的所有活动都是遵照大脑的指令进行的，可以说我们依赖于大脑而生存，如果大脑衰弱会直接影响身体的衰弱。此外，有研究表明，拥有积极心态的“乐天派”老人，患老年病的概率会比经常忧郁、烦闷的老年人低。这其中的原因是什么呢？拥有乐观性格与长寿之间又有什么关联呢？

拥有利导思维，也就是一切思考导向对自己有利的方面，凡事多从正面理解的人群，他们的大脑无须考虑那些复杂的问题，就能让脑内吗啡轻松分泌出来。脑内吗啡除了具有镇痛的功能外，还可以调节体温、心血管、呼吸等，这些功能都有益于寿命的延长。

分泌脑内吗啡的标志是大脑中出现α波。将自己置身于产生α波的环境中，心态才会开朗舒展，性情才会豁达乐观，从而在脑内吗啡的分泌中去感受乐陶陶的心旷神怡。

乐观开朗的性格不仅有利于老年人，对其他人群同样适合。很多年轻人常常因为工作、生活而感到压力很大，感觉大脑被占满，与其被压力“捆绑”，不妨试试培养利导思维的意境。凡事都向积极的一方思考，有意识地引导自己用积极的心态去面对。刚开始训练时可能会很吃力，但习惯之后，就能体会到利导思维带来的好处。

所以，在日常生活中，我们要培养自己开朗乐观的性格，健康生活，这样才能做到身、心、脑的放松。

二 做好日常心理保健

前面我们已经介绍了心理保健的重要性，那么，在日常生活中，做好心理保健就显得必不可少了。这不仅是保持身体健康的关键，同时也是帮助我们释放负面情绪、排遣大脑压力的法宝。

1 用右脑思维，换个角度看问题

人的大脑有左、右脑之分，同样，思维方式也分为左脑思维和右脑四维。在日常生活中，大部分人都习惯用左脑思考，如果换个角度，或许事情会不一样。

何谓右脑思维

右脑思维，通俗来说，就是指形象的思维。它属于感性思维方式，因为右脑负责图画、音乐、韵律、情感等分工。

用右脑思维看问题

如何运用右脑，发挥右脑利导思维的特性呢？我们不妨先来看一个小故事：

半瓶酒

桌子上放着半瓶酒，迎面走过来两个人，一个是悲观主义者，一个是乐观主义者。

面对这半瓶酒，悲观主义者伤心地说："多么不幸呀，这里怎么才只有半瓶酒。"

而乐观主义者却欣喜地说："太好了，这还有半瓶酒呢！"

这就是用右脑思维看问题的一个典型的实例。同样是半瓶酒，悲观主义者和乐观主义者看待问题的角度却截然不同，而事实证明，乐观主义者的心理压力更小，寿命也更长。

学着开发右脑

要善用右脑思维看问题，还需要我们在日常生活中多多开发右脑，并习惯这种思维方式。由于右脑支配着人的左半身，控制左手运动，反过来，左手、左半身器官的运动也刺激右脑。所以，有意识地调动左手、左腿、左眼、左耳，特别是左手和左手指的运动，对大脑皮质产生良性刺激，是开发右脑的有效方法。

此外，在下围棋时，人脑中浮现的是一个图形，一个形状，一个不断变换的空间，而这也是右脑思维的领域。

2 正视挫折与困难

人在遭遇挫折的时候往往会产生很大的压力，这时候，有些人会选择逃避，有些人则会被这些挫折打倒，沦为压力的俘虏，其实，挫折与困难并不可怕，只要我们敢于正视它们，就一定能解救自己的内心。

Step1 承认、接纳

人人都会遇到挫折和困难，这是正常的，也是人生的必经过程。要承认并接纳自己遇到的挫折与困难，而不是一味地将之压抑到潜意识中，这样它们反而会变本加厉地“回馈”给我们自己。

Step2 积极解决

要学会寻找战胜挫折或困难的方法，必要时可以寻求家人或朋友的帮助。要告诉自己，凡事都有两面性，不要只看见事物阴暗、消极的一面，甚至绝对化。而应有意识地转变自己的思维方式，学会自我控制和调节，遇事要往好的方面想，不要太悲观。

Step3 调整心态

要学会调整自己的心态。可以选择自然疗法，即通过珍惜生活、感受快乐、自我放松训练、音乐疗法、睡眠休息、运动按摩、瑜伽、芳香草本疗愈等，来培养乐观的心态，远离消极的情绪，快乐生活。还可以对自己进行积极的心理暗示，例如经常对自己说：

“今天的自己会做得更好一些。”

“做得不错，其实也没那么难，坚持下去！”

“加油，已经比之前好很多了。”

积极、正能量的话语会使人的情绪偏向积极的一边，以乐观的心态面对生活的烦恼。毕竟，挫折与困难是人生中经常会遇到的，在下次遇到时，就不会那么悲观和无措了。

总之，无论是压力和挫折，还是痛苦与恐惧，只有正确面对它，才能真正地战胜它。

3 经常参加集体活动，多聊天

研究表明，多参加集体活动，通过丰富的活动和人际交往，能有效改善自己的不良情绪，缓解大脑的压力。

减压原理剖析

通过参加集体活动，能促进人与人之间相互的理解和融合，产生共鸣感，也被称为“共有感情”，这种相互依存、相互理解的共鸣关系，与前文介绍的5-羟色胺的活性有着密切的正相关关系，对减轻大脑内部的压力十分有益。

而具有共同爱好的人本身也很容易聚在一起，由于有了共同的话题和兴趣爱好，在交谈时也会无拘无束，相谈甚欢，这会在无形中给人一种积极向上的力量，缓解精神压力。

集体活动列举

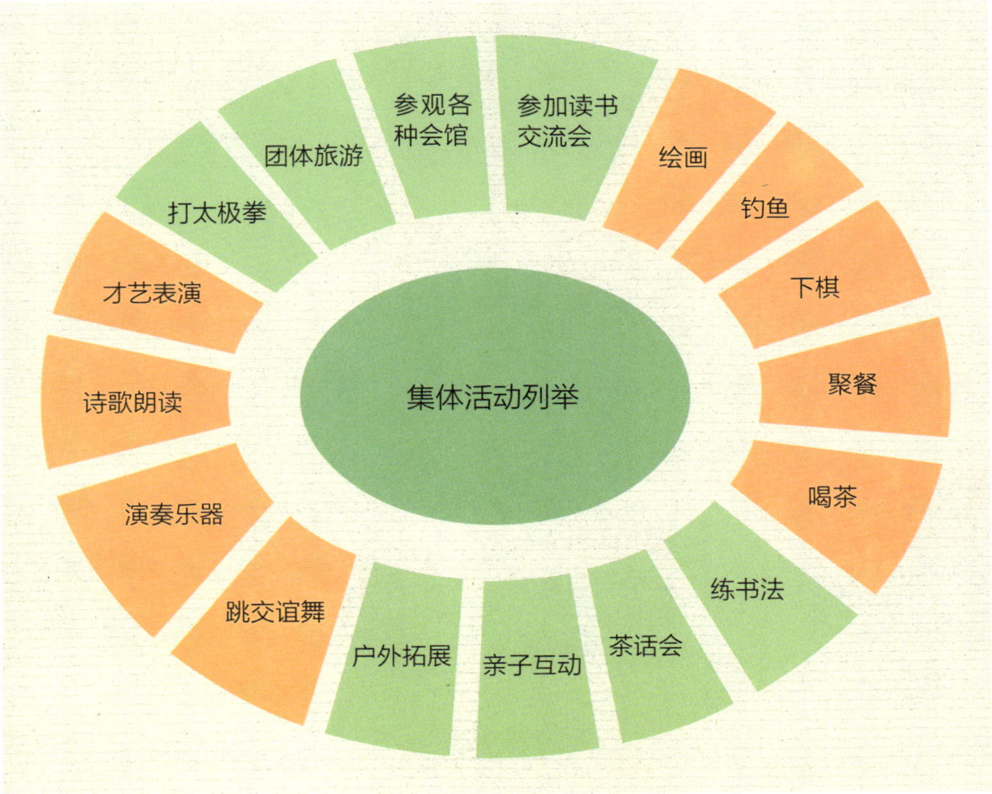

通过参加多种多样的集体活动，与他人建立良好的社交关系，活化人体的共鸣中枢，进而强化5-羟色胺的力量，由内而外，减轻大脑压力。

4 练习坐禅，让体内自产“特效药”

无论是对于初学者还是经常习练者来说，坐禅都是一个缓解压力的好方法，每天坚持练习一会儿，能让体内自产“特效药”，告别精神紧张，放松身心和大脑。

何谓坐禅

前面我们已经介绍过腹式呼吸，坐禅，简单来说，就是将深度的腹式呼吸和冥想结合在一起，又称为打坐。

坐禅为什么能减压

坐禅是提高5-羟色胺活性的重要手段，下面我们将通过介绍坐禅与5-羟色胺的关系，剖析坐禅减压的原理。

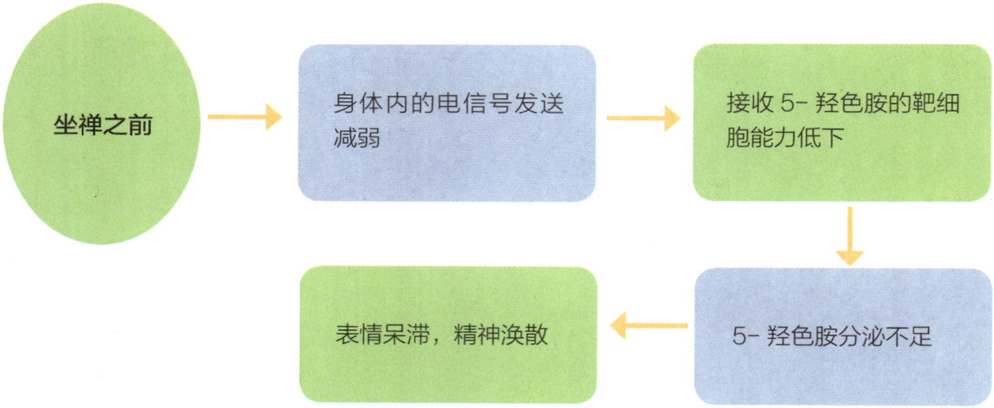

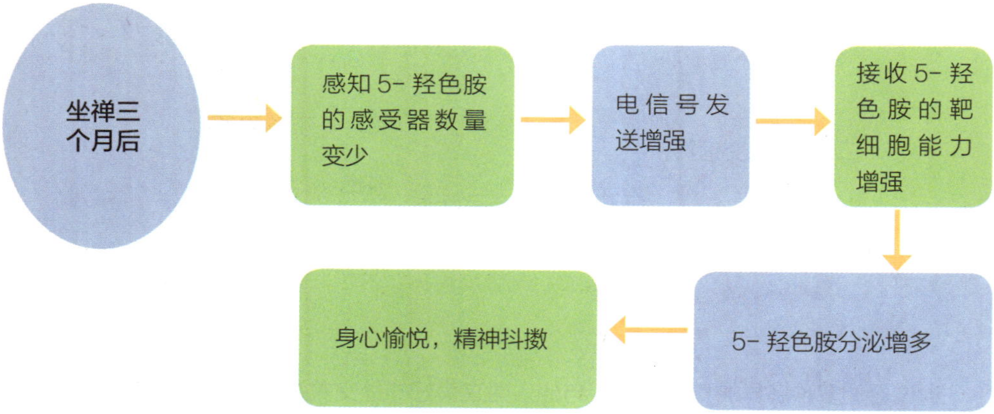

坐禅时的要点

腹式呼吸。呼吸法是坐禅的重中之重，也是提高5-羟色胺活性的关键步骤。坐禅中的腹式呼吸，不需要刻意做到什么程度，只要采取深度呼吸的方式就可以了。一般来说，可以采取吐气13秒、呼气8秒的节奏，即将人体的整个呼吸过程延长为20秒左右。

坐禅环境。坐禅时需要有一个适宜的、相对安静的环境，如此才能排除心中的杂念，对于初学者来说，环境尤为重要。一般来说，坐禅可以选择在自己的家中，也可以选择在瑜伽馆，只要保持安静就好。另外，光线不宜过于明亮或黑暗，可以选择开一盏小灯。还应注意保持适宜的室内温度，以26℃为宜，有条件的可以借助空调进行调节。

坐禅着装。坐禅时的服装没有特别的要求，保持宽松舒适即可，可以选择浴衣，或者练习柔道的衣服、瑜伽服等，另外还需脱去鞋袜，摘下手表和身上的配饰。

坐禅时间。对于初学者来说，刚开始练习坐禅时可能坚持不了太长时间，但是至少要保证5分钟，才能收到成效，并在以后的练习中循序渐进地延长这一时间，等到身体慢慢适应了以后，可以每次练习20~30分钟。

坐禅时是否闭眼。通常人们会认为，坐禅是需要紧闭双眼的，其实不然。真正的坐禅，一半时间里都是半睁眼的状态，双眼目视前方90厘米处。这是因为坐禅时需要排除大脑中的一切杂念，才能达到良好的减压效果。如果完全闭眼，很容易使人进入睡眠的状态，尤其是人体疲倦时，达不到坐禅减压的目的。而半睁眼坐禅，意识是非常清晰的，神经处于清醒的状态，人的头脑清爽、精神振作。

特殊情况不宜坐禅。如果有身体不适的情况，不能强迫自己坐禅，否则只会适得其反，这些特殊情况主要包括以下几种：

- 睡眠不足时
- 发热时
- 感冒时
- 胃肠道不适时
- 空腹或饱食后
- 处于贫血状态时

5 将“多巴胺价值观”转变为“5-羟色胺价值观”

日常生活中，人们往往习惯用多巴胺价值观思考问题，事实上，尝试着将其转化为5-羟色胺价值观，或许会收到意想不到的减压效果。

多巴胺价值观

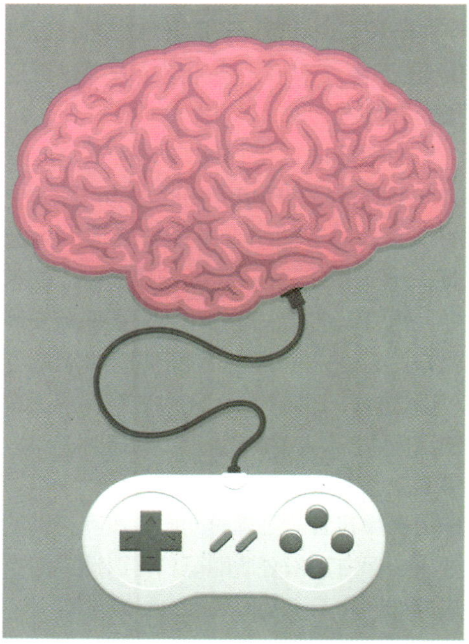

多巴胺是一种神经传导物质，用来帮助细胞传送脉冲的化学物质。这种脑内分泌物和人的情欲、感觉有关，它传递兴奋及开心的信息。

多巴胺价值观指的是为了获得某种报酬而产生的“欲望充足型”价值观。当人们在坚持做某件事情的时候，会得到相应的回报，金钱就是容易被理解的回报之一。当我们把“要是多赚一点儿钱，生活就会更好一些”的愿望付诸行动的时候，大脑里就会开始分泌多巴胺。而当这个愿望实现了以后，大脑就会感受到强烈的愉悦感。

然而，每个国家的经济发展都具有一定的周期性，在经济高速发展阶段，这种价值观所带来的幸福感会强烈一些，而在低谷时期，很多人会出现年龄增长和收入不上涨的矛盾，也会常常出现因工作压力大、面临失业风险而引起精神压力增大的现象，此时，多巴胺价值观就变得不那么可取了。

5-羟色胺价值观

5-羟色胺最早是从血清中发现的，又名血清素，广泛存在于哺乳动物组织中，特别在大脑皮质及神经突触内含量很高，它是一种抑制性神经递质。

5-羟色胺价值观主要是指调整那些因欲望产生而分泌出来的多巴胺，以及因来自外部的精神压力而分泌出来的去甲肾上腺素的数量，并保持心态平衡的一种观念，它能带给人无限安稳的幸福感，减少精神压力的产生。

现代人更多的是在一味追求“多巴胺带来的感官上的快感”，在追求的过程中就会产生不同程度的精神压力，如果能够和精神压力“合作”，将“多巴胺价值观”转变为“5-羟色胺价值观”，可以有效提高人们的生活质量，让内心充满满足感，所以，遇到事情的时候，不妨多用5-羟色胺价值观思考吧！

6 多爱抚、放松疲惫的身心

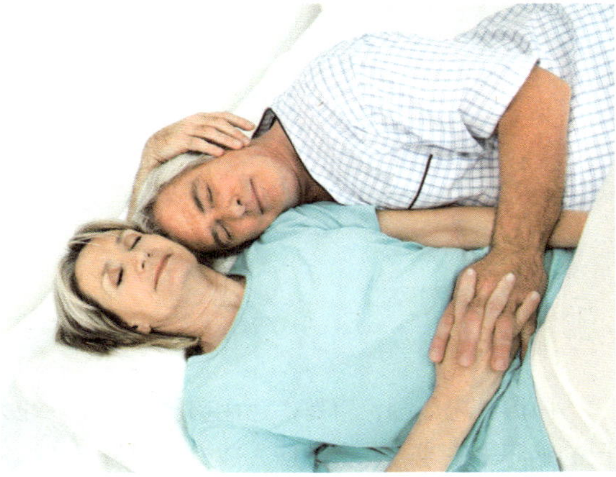

之前我们介绍过 5- 羟色胺的活性可以缓解压力，而且 5- 羟色胺的特性之一，就是当人与人温暖地做抚触时，会提升其活性，也就是我们常说的“爱抚”。因为这种抚触或爱抚会给大脑传递良性刺激，对于人们来说，爱抚是使 5- 羟色胺神经达到较高境界的活化方式。

我们都有过这样的经历，当受到精神压力的冲击后，大脑就会发出寻求爱抚的强烈愿望。例如，不由自主地做出双手抱住手臂，或双手紧紧握在一起，以及紧紧地搂住双肩的动作，这些都是身体发出的寻求爱抚的信号。

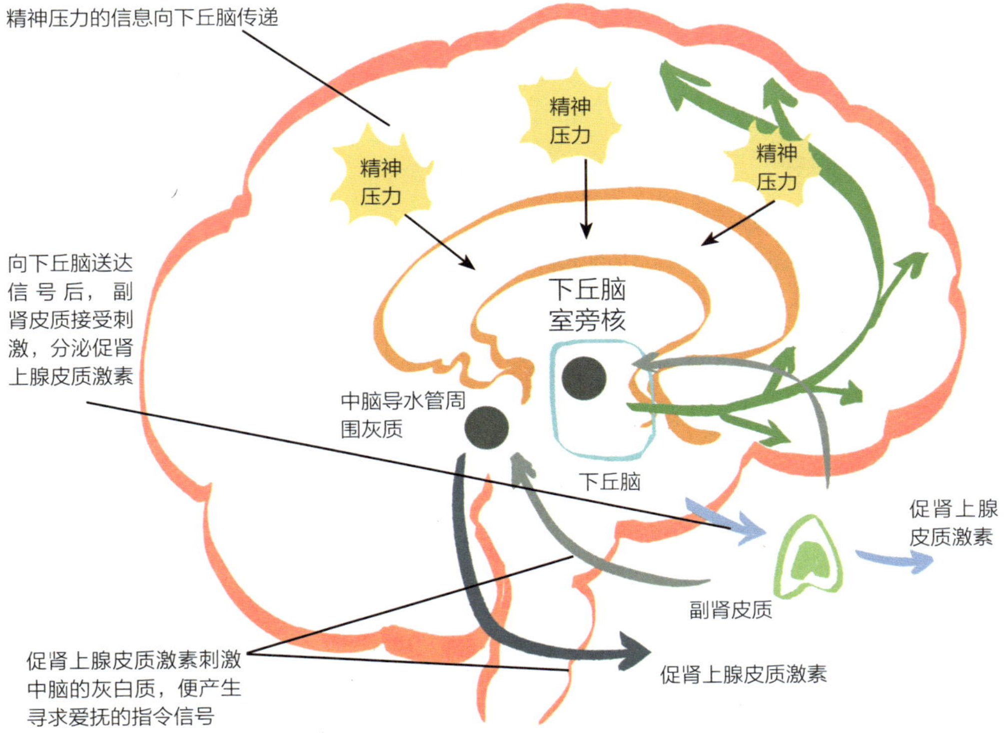

三 宣泄减压的心理游戏推荐

适度玩一些心理游戏，对于宣泄减压是很有必要的，它可以通过转移人们的注意力或者调动人们的思维，缓解精神压力。下面我们推荐了四个简单的小游戏，希望能带给读者一些帮助。

1 脑内作画

所谓脑内作画，就是指运用自己的意念，在大脑中作画铭记，可以将眼睛闭上，让自己的脑海里生成一些容易使人放松的景象，如绵延的山脉、夏日的海滩、辽阔的草原或幽静的公园等。然后，让自己置身于这些能使人放松的环境中。也可以选择把自己接下来要做的事情用作画的方式描述下，再去做，并对比这两种的差别。

脑内作画能让人暂时忘却眼前的烦恼，将思维和注意力集中在想象上，借此放松紧张的大脑神经，达到宣泄减压的功效。这个小游戏没有时间和场地的限制，随时随地都可以玩，适合大部分减压者。

2 纸上涂鸦

与脑内作画不同，纸上涂鸦，顾名思义就是在纸上涂涂画画。可以用画笔蘸上不同颜色的颜料，随意地、毫无目的地在纸上乱涂乱画。等乱涂乱画一阵子后，再静下心来观看自己的“作品”。这时要用海阔天空的联想和漫无边际的想象去观看、理解和分析自己的“作品”，有时就能在乱画或在观赏中激起新的设想。

人在纸上涂鸦的过程中，一方面能促进精力集中，一方面又可以使精神放松、情绪稳定。这其实是让左脑处于抑制状态，而右脑处于活跃状态，激发了右半脑的创意功能。之后的观赏“作品”则进一步激发了右脑的想象功能、联想功能，从而能促进创造性的开发，减轻大脑的压力。

3 走出迷宫

迷宫指的是充满复杂通道，很难找到从其内部到达入口或从入口到达中心的道路，道路复杂难辨，人进去不容易出来的建筑物。这里的迷宫小游戏采用的是同样的原理，试一试，看你能否从入口进入，找到出口？大概需要多长时间？或者和朋友比赛玩，看谁走得又快又准。

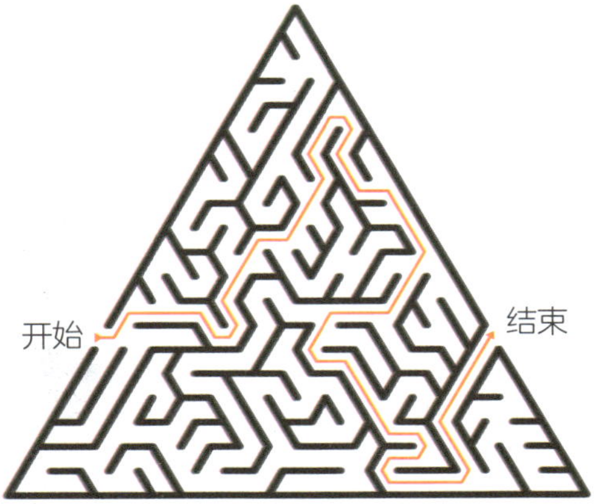

走迷宫属于益智健脑类小游戏，在玩耍的过程中，能调动游戏者的积极性和逻辑思维能力，在无形中忘却眼前的烦恼，专注于游戏本身，释放压力等。当精神压力大，心情不愉快时，可以玩玩走迷宫游戏，对身心有益。不过，玩游戏的时间要有所控制，不要沉迷哦。

温馨提示

对于“入口和出口都在一条线段上”的迷宫，可以采取“贴着墙壁走”的方法，即进入迷宫后，选择一个方向，之后贴着墙壁一直走下去，一般都会顺利找到出口。不过，这种方法并不适用于“回字形”迷宫，因为这种迷宫的出口和入口并不连通，如果执意用此方法，可能会出现绕了一圈返回原地的情况。

4 玩转魔方

魔方又叫鲁比克方块，是由匈牙利布达佩斯建筑学院厄尔诺·鲁比克教授于1974年发明的。在台湾称之为魔术方块，在香港称之为扭计骰。

我们通常玩的魔方，属于狭义上的魔方，也就是三阶魔方。这种魔方通常是正方体，由有弹性的硬塑料制成。魔方六个面贴纸通常由红、黄、蓝、绿、白、橙六种颜色组成。各个时期和地方的版本贴纸方法会有区别，但基本上是前红、后橙、上黄、下白、左蓝、右绿。

玩魔方是一项手部极限运动，普通玩法主要是通过旋转、变换，将同一颜色或图案的方块组合在一起。普通玩法适合将魔方当作放松和娱乐工具的爱好者，他们通常仅仅满足于复原一个魔方，不会追求更高的标准。一般按照网上的视频教程七个步骤就可以还原，简单易学；竞速玩法是将魔方打乱，然后在最短的时间内复原。

魔方与华容道、独立钻石棋一起被国外智力专家并称为智力游戏界的三大不可思议，而魔方受欢迎的程度更是智力游戏界的奇迹。在玩转魔方的过程中，能放松人的身心，达到健脑益智和缓解压力的双重功效，此外，还能锻炼人的眼力、耐力、记忆力、注意力、空间判断能力以及手指的灵活程度，有兴趣的朋友不妨在家常备一个或几个，可以自己玩，也可以和家人朋友比赛。

温馨提示

魔方有8个角色块，12个棱色块，6个中心块，中心块相对位置永远不变，一定是红橙相对、蓝绿相对、黄白相对，也就是相近的颜色相对。记住这一点，对于还原魔方很有帮助。